U0196086

Watercress In the Garden

庭院里的西洋菜

中国的外来植物·蔬菜

蒋逸征 著

上海文化出版社
上海咬文嚼字文化传播有限公司

序

中国的蔬菜栽培历史非常长，韭菜、萝卜、莲藕、白菜等都是中国原产的。但今天，出现在我们餐桌上的各种蔬菜，许多都是从国外引进的。根据欧洲学者的早期研究，世界范围内有12个蔬菜作物起源中心。除了中国之外，印度、中亚地区、地中海沿岸、美洲南部都有不少当地特有的蔬菜品种。有篇文章想象今人穿越到先秦在客店里点菜，结果发现什么都吃不上，番茄炒蛋、拍黄瓜、凉拌菠菜、油焖茄子、青椒炒肉丝、洋葱炒牛肉，这些吃惯了的家常菜统统没有。因为，许多现在很寻常的蔬菜在那时的中华大地上压根还没出现。

我国历史上蔬菜品种的引入，反映出中外交通史与东西方物质交流的发展，见证了人类文明的伟大传播。

汉代张骞出使西域，这段时期引入了黄瓜、大蒜、芫荽等蔬菜。它们大多原产于西亚，部分原产于地中海沿岸、印度，通过陆上“丝绸之路”传入。唐代的中外交流达到了一个高峰，菠菜等蔬菜是被当作贡品传入中国的，《唐会要》记载尼泊尔“遣使献波稜菜、浑提葱”。明代之际，随

着世界航海大发现，原产于美洲大陆的蔬菜也远渡重洋传播到了中国，番薯、马铃薯、番茄等正是在这个时期通过海上“丝绸之路”传入的，至清末民初基本完成本土化。

蔬菜的舶来属性，从它们被命名的方式也能看出，凡是名字里冠以“胡、番、洋、西”等的，多半与外来出身有关。

有一些蔬菜，我们中国古代就有，但随着外来蔬菜的引进和命名，实际情况就变得复杂起来，比如芹。“芹”字在中国很早就出现了，《诗•鲁颂•泮水》中有“菜之美者，云梦之芹”，成语“美芹之献”出自《列子•杨朱》。但这些古籍里的“芹”指的是原产自中国的水芹，属于伞形科水芹菜属；而我们今天常吃的芹菜多是旱芹，属于伞形科芹属，原产于地中海沿岸，并非中国原产。现在我们经常吃到的“西芹”，是欧洲一些国家将旱芹改良后的宽叶柄品种，引入中国的历史并不长。至于“欧芹”，那是伞形科欧芹属的香草，别名法国香菜、洋芫荽。所以，同样称作“芹”，我们可不要搞混了。

蔬菜既包括可以吃的草本植物，也包括一些木本植物的叶、嫩茎，以及菌类等。例如原产于法国的“双孢蘑菇”，虽然不是植物，但却已经是许多中国人钟爱的常见蔬菜，故本书特别予以收入。

从初次登场到被广为接受，外来蔬菜来到中国后的命运，也是有起有伏的。不少蔬菜在我们餐桌上的历史，可能比想象中短得多。有不少我们今天常见常吃的蔬菜，实质被普及接受的时间不过才数十年甚至十数年。虽然番茄在明朝末年就已经传入我国了，但全国范围大规模种植食用这种蔬菜，却是20世纪50年代以后的事了。当代作家汪曾祺在散文《五味》中写道：“西红柿、洋葱，几十年前中国还没有，很多人吃不惯，现在不是都很爱吃了么？”在世界越来越“平”的今天，人们接受外来蔬菜品种的速度就更快了，番杏、冰草、豆瓣菜（即西洋菜）等外来蔬菜登上市民普通餐桌的频率在加快。外来蔬菜不仅影响着我们的口味，也同样影响着我们的文化。

目录

扁豆

Lablab purpureus Linn. Sweet Hort.

[别名] 眉豆、蛾眉豆、鹊豆、膨皮豆、藤豆、沿篱豆
[拉丁名] Lablab purpureus Linn. Sweet Hort.
[科属] 豆科扁豆属
[原产地] 印度、缅甸一带
[传入时间] 汉晋

扁豆属于豆科扁豆属，原产于印度、缅甸一带，汉晋之际传入中国。扁豆分为矮性与蔓性两种，我国普遍栽培的扁豆属于蔓性。

扁豆得名是因为其豆荚形状扁平，另有别名“蛾眉豆”“沿篱豆”“鹊豆”等。《本草纲目》曰：“本作扁，荚形扁也。沿篱，蔓延也。蛾眉，象豆脊白路之形也。”扁豆的豆子有白色、黑色、红褐色等。白扁豆入药；红褐色的被称作红雪豆，可清肝、消炎；“黑者名鹊豆，盖以其黑间有白道，如鹊羽也”。

扁豆的豆荚可食，有紫色、绿色与白色等颜色之别。豆荚鲜嫩时肉质肥厚，扁豆荚吃起来甚至有肉的质感。陶弘景《名医别录》称其“荚蒸食甚美”，这大约是现存中国对扁豆的最早记载。扁豆的豆子成熟后可以食用，还可

以制成豆泥、做成扁豆糕等。《本草纲目》记载“嫩时可充蔬食茶料，老则收子煮食”。清代袁枚《随园食单》中记载有“扁豆”：“现采扁豆，用肉，汤炒之，去肉存豆。单炒者油重为佳。以肥软为贵。毛糙而瘦薄者，瘠土所生，不可食。”如今，扁豆是中国常见蔬菜，但切记必须彻底全熟后才能食用，否则可能中毒。这是因为扁豆中的红细胞凝集素、皂素等天然毒素，要到100摄氏度高温时才能被破坏。

中国人重农桑，古代诗歌中有不少是歌颂扁豆的。明代王稺登有首诗《种豆》：“庭下秋风草欲平，年饥种豆绿成荫。白花青蔓高于屋，夜夜寒虫金石声。”描述的就是扁豆。清代黄树谷有《咏扁豆羹》诗，其中写道：“带雨繁花重，垂条翠荚增。烹调滋味美，惭似在家僧。”更著名的则是清代郑燮的对联：“一庭春雨瓢儿菜，满架秋风扁豆花”。清代的文人沈复著《浮生六记》，其中记载芸娘制作“活花屏”：“屏约高六七尺，用砂盆种扁豆置屏中，盘延屏上，两人可移动。多编数屏，随意遮拦，恍如绿阴满窗，透风蔽

日，纡回曲折，随时可更，故曰‘活花屏’。”芸娘正是利用扁豆的藤蔓，为家庭增添了生活情趣。直到今天，在屋前屋后的空地种植扁豆，享受藤蔓带来的生机盎然，这仍旧带给城里城外的中国人某种“岁月静好”的满足。

北京人吃扁豆焖面，将扁豆、肉丝炒至变色，加入事先蒸熟的面条，焖熟收干水分后即可食用。上海人爱吃酱爆扁豆，加入大量甜面酱，吃起来有肥厚的肉感。在新疆，有一种传统面食叫“扁豆面旗子”，又叫“扁豆旗花”。做法是用刀将薄面皮切成菱形小片，放进锅中煮，加入扁豆、葱花与盐，带汤吃，可作为平民人家的主食。

在日本京都南郊的万福寺中，种着一处扁豆，藤蔓间立着块牌子，写着：“三百五十年前隐元禅师从中国传来”。日本关西地区的人将从中国传入的扁豆称作“隐元豆”，以纪念传入此豆的中国僧人隐元，他17世纪东渡传法并开辟了日本黄檗宗。如今，这种豆也成了日本人餐桌上的日常蔬菜，日本人普遍将菜豆也叫成了“隐元豆”。

冰 菜

Mesembryanthemum crystallinum L.

[别名] 冰叶日中花、非洲冰草、水晶冰草、水晶花、钻石花、冰叶菊

[拉丁名] Mesembryanthemum crystallinum L.

[科属] 番杏科日中花属

[原产地] 非洲南部

[传入时间] 近年

冰菜是这几年才在中国时兴起来的外来蔬菜，被一些人夸张地称作“蔬菜中的爱马仕”。国产电视剧《欢乐颂》里姑娘们到私人小岛游玩，席间一道绿莹莹的凉拌冰菜就引发好奇。好虚荣的樊胜美向邱莹莹等年轻女孩介绍称，这是从国外引进的，口感脆嫩，营养丰富。近年来，冰菜成了一种时髦走俏的外来蔬菜。

这种蔬菜的外形非常有特点，在嫩绿色的叶面和嫩茎上长着密密麻麻的透明囊状细胞。细胞里有液体，在太阳照射下反射光线，整株看起来像闪闪发亮的冰晶一样，因此得名“冰菜”。冰菜属于泌盐性植物，会像人出汗那样，将多余的盐分排出体外。冰菜上这些透明囊状细胞，里头就有它分泌出来的盐分。这不仅使

得冰菜可以在盐碱土地上生存下去，还有防虫的好处。因为细胞液体充满咸味，虫子都不敢吃它。作为蔬菜，冰菜在盐碱地以及干旱少雨的地方都具有很大的推广价值。冰菜另有别名冰草、非洲冰草、水晶冰草、钻石花、冰叶菊等，还有个更好听的正式名字叫“冰叶日中花”，属于番杏科日中花属。当它作为蔬菜被食用时，人们一般称其为冰菜或冰草；当它作为小清新的观赏性多肉植物被栽培时，人们一般都称其为“冰叶日中花”。

原产于非洲南部的冰菜是一种盐碱植物，细胞中含有盐分，本身就带有些许咸味，通常是拿来生吃，入口略有点咸，基本没有什么异味。它的口感也不同于一般绿叶菜，非常脆嫩，唇齿间一咬就碎裂了，简直入口即化。除了生吃外，也有人将冰菜切段后与鸡蛋液下锅翻炒，这种嫩炒的做法也很清口。

作为一种番杏科的多肉植物，冰菜的功能可不止是吃。它的花朵美丽绚烂，令人惊艳，具有观赏性。英语称其为“iceplant”。美国加利福尼

亚州的公路与海岸旁，种满了这种从南非引进的植物，远远看上去像珊瑚又像琉璃艺术品。它的生命力旺盛，能吸收地表矿物质，耐盐性强，可以防止水土流失。

冰菜富含胡萝卜素、钠、钾等，含有其他蔬菜中含量稀少的肌醇。在西方世界，较早吃冰菜的国家是法国等欧洲国家，法式料理中可以见到它的身影。迪拜的高档餐馆将冰菜作为食材，日本、韩国也有专门的培育研究。日本料理中，冰菜很适合卷入寿司，或点缀在刺身上食用。

目前中国大城市的菜场里能买到冰菜。许多地方的饭店餐馆里，也有凉拌冰菜或蘸酱冰菜。一些年轻人办婚宴，冷菜中也少不了绿意盎然的凉拌冰菜。前两年，冰菜在中国的售价颇高，一斤能卖到六七十元人民币，小小一簇就要卖十几元。现在价格逐步回落，但仍是一种较为小众的时髦蔬菜。

菠菜

Spinacia oleracea L.

[别名] 波薐、颇菜、赤根、鹦鹉草、角草、波斯草

[拉丁名] Spinacia oleracea L.

[科属] 藜科菠菜属

[原产地] 伊朗

[传入时间] 公元647年

红嘴绿鹦哥，吃了营养多——打一蔬菜

在中国，几乎所有孩子都能一下子猜出这条形象的谜语，谜底正是菠菜。中国人吃菠菜已有一千多年的历史，它的名字还有波薐、颇菜、赤根、鹦鹉草、角草等等。明代李时珍《本草纲目》说菠菜别名“波斯草”，波斯即今天的伊朗，这个名字点明了它的外来血统。

菠菜原产于伊朗，公元647年，即唐太宗贞观二十一年，通过尼泊尔传入中国。《唐会要》卷一百之“泥婆罗国”条下有记载：“（贞观）二十一年。遣使献波薐菜、浑提葱。”“泥婆罗国”是现在的尼泊尔，“波薐菜”即菠菜，是尼泊尔语菠菜palinga的音译。

被当作贡品的这种异域新奇蔬菜怎么吃呢？《唐会要》里还详细写道：“泥婆罗国献波

棱菜。类红蓝花。实似蒺藜。火熟之。能益食味。”可见，菠菜在唐代就是熟吃的。彼时的菠菜，在中国贵族文人心目中具有神秘色彩，而且价格昂贵。

到了北宋，菠菜就成了大面积栽植的平民蔬菜。开封繁塔的集资刻石上记载，“菜园王祚，施菠薐贰千把，罗卜贰拾栲栳”。普通菜园主能一次施舍两千把菠菜，可见这种蔬菜已是寻常物。宋代诗人刘一止《寄云门长老持公一首》写：“紫芋波稜真在眼，青鞋布袜未输僧。”这是菠菜在僧侣间流行的证明。员兴宗在诗文里将菠菜与竹笋相提并论，赋予了菠菜更中国式的文化内涵，有了“凌寒独自开”的中国式审美。

苏轼在诗文里写各种春菜，其中就有菠菜：“北方苦寒今未已，雪底波棱如铁甲。岂如吾蜀富冬蔬，霜叶露牙寒更茁。”在我国，耐寒能力强的菠菜是冬季常见绿叶菜，尤其对北方苦寒地区太重要了。菠菜原本有些涩嘴，经了霜后带甜味，是最好吃的。除了直接炒煮外，菠菜还能做成菠菜粥、菠菜面条、菠菜饼。宋代的邵桂子在《疏屋诗为曹云西作》里写：“饼炊菠薐，鲊酿苞芦。”可见古来吃货多，开发出各种花式吃法。菠菜来到中国后，在古人栽培下已形成具有中国特色的“中国菠菜”，有别于“欧洲菠菜”。

梁实秋曾在文章里写中美烹制菠菜的不同：“他们（美国人）常吃的菠菜是冰冻的菠菜泥。即使是新鲜菠菜，也要煮得稀巴烂。孩子们视菠菜如畏途。所以才有‘大力水手’的出现，意在诱使孩子吃菠菜。我们吃菠菜，无论是煮是炒，都要半生半熟不失其脆。放在火锅里，一汆即可。凡是蔬菜都不宜烧得太熟。”大家都知道西方人远比中国人爱生吃绿叶菜。但菠菜含草酸多，味道涩，所以哪怕再如何宣扬营养丰富，也还是被做熟了吃。中国人吃凉拌菠菜，也是用水焯过后再拌。芝麻酱拌菠菜与奶油汁烤菠

菜，都很合中国人胃口。

菠菜富含铁的说法可能是个错误。为什么会有这种错误呢？有报道后来称，在1870年，德国化学家埃里希·冯·沃尔夫文中的菠菜铁含量的小数点印错了，导致数值大十倍。菠菜摇身一变成了营养源泉，有了光环，还促生了"大力水手"卡通形象。1937年，科学家们纠正过这个错误，但关于菠菜的迷信还在民间继续。

"大力水手"诞生于1929年，从此就让菠菜与力大无穷、个人英雄联系在了一起。菜农们一度疯狂种菠菜，甚至在得克萨斯州的水晶城为"大力水手"建雕像，并将其称为"世界菠菜之都"。菠菜变成了一种美式文化。纽约帝国大厦为纪念大力水手诞生75周年，曾特别亮灯庆祝，整座大楼绿油油得像棵菠菜。

加勒比海地区的小岛上也有菠菜，被当地人叫作"卡拉路"，吃法也是煮成灰扑扑的菠菜泥，具有一定的稠度。这种菠菜泥被当成酱汁，可以加

入到其他食物里，做成一道大菜。在原产地伊朗，菠菜也出现在各种菜肴中。例如菠菜与大蒜、洋葱混炒，再配上酸奶，或是黑乎乎的菠菜汤，又或者是用干的菠菜、芫荽等与红腰豆、牛肉慢炖而成的名菜。在印度，许多菜都会通过加入菠菜来增加黏稠度。

在中国，有关菠菜的所谓知识一直在变，争议不断。有人说冬天吃菠菜好，有人偏说冬天不能吃菠菜。民间向来流行菠菜与豆腐一起吃。传说某个皇帝落难时，有村妇为他做了顿菠菜烧豆腐，美其名曰“金镶白玉板，红嘴绿鹦哥”。明代王世懋《蔬疏》中也写道：“菠菜，北名‘赤根’。菜之凡品，然可与豆腐并烹，故园中不废。”他对菠菜的态度是轻视的，却独独赞许菠菜与豆腐组合。但这些年来又有新说法称两者相克，说豆腐是用石膏或卤水点的，含有大量钙，会与菠菜的草酸起反应形成不溶性草酸钙。

这真是一种既古老又新鲜的菜，虽然古老常见，可受世界风潮的影响，我们对菠菜的认知还在不断被刷新。

菜豆

Phaseolus vulgaris Linn.

[别名] 四季豆、刀豆、豆角、芸豆、清明豆、青刀豆

[拉丁名] Phaseolus vulgaris Linn.

[科属] 豆科菜豆属

[原产地] 中南美洲

[传入时间] 16世纪

菜豆属于豆科菜豆属。在中国各地，菜豆有着各种五花八门的名称，经常闹出各种误会来，令人难以分辨。例如在山东，有人管它叫“芸豆”。而在上海，人们称作“刀豆”。在浙江衢州，它又被叫成了“清明豆”。有人分析指出，北方称作“豆角”，南方称作“四季豆”，但有意思的是，香港也有称菜豆为“豆角”的。

抗战期间，长于山东的诗人臧克家曾在重庆歌乐山隐居，后来撰文回忆当时生活：“屋后是一个小园子，种上四季豆、包心白，春夏之交，花香蝶来，豆角上搭下挂。”文章里，他同时用到了“四季豆”与“豆角”两种称呼。

称其为“菜豆”指的是它可以当蔬菜食用。“刀豆”，顾名思义，指的是其豆荚的形状像刀。“四季豆”得名自它在南方可以一年四季收

获。“芸”在古代有美味佳蔬的意思，“芸豆”即美味的豆。

菜豆原产于中南美洲，如今是世界上栽培面积最广的食用豆类。1492年，哥伦布发现美洲“新大陆”，大量农作物传入欧洲。16世纪，西班牙人在菲律宾建立殖民地，将菜豆等美洲特产传入。菜豆正是在这段时间由菲律宾传遍南洋，并传入中国的。

菜豆表面光滑，呈圆棍形的豆荚饱满，荚中豆子比较小，所以主要吃的还是青翠的嫩豆荚。清代袁枚在《随园诗话》中品评黄庭坚的诗，称：“余尝比山谷诗，如果中之百合，蔬中之刀豆也，毕竟味少。”袁枚是钱塘（即今

浙江杭州）人，可见是将菜豆称作“刀豆”的。他认为刀豆，也就是菜豆的味道清淡。在《随园食单》中，袁枚谈蔬菜的荤素搭配，称：“可素不可荤者，芹菜、百合、刀豆是也。”不过，在今天的家常菜中，菜豆配肉末什么的炒着吃，可是非常受欢迎的。

无论把菜豆叫成什么名字，干煸的烹饪方法最为常见，各地家常饭馆的菜谱上都能找到诸如“干煸刀豆”“干煸芸豆”“干煸四季豆”“干煸豆角”等，它们都是同一种菜。《蔡澜食材字典》里写道：“四季豆适合生煸。所谓生煸，就是炸。与炸不同的是火需极猛，绝不能像炸那么多油。”而在美国等西方国家，菜豆是用水煮着吃的。煮到烂烂的，对于喜欢脆爽口味的中国人来说，滋味可不算好。

蚕豆

Vicia faba Linn

[别名] 胡豆、佛豆、川豆、罗汉豆、倭豆、立夏豆

[拉丁名] Vicia faba Linn

[科属] 豆科野豌豆属

[原产地] 地中海沿岸，亚洲西部

[传入时间] 西汉

“蚕豆”这一名称是如何而来的？一种说法称，蚕豆得名自成熟季节。元代农学家王祯《农书》中认为：“蚕时始熟，故名。”另一种说法称，蚕豆得名自其豆荚的形状。明代李时珍在《本草纲目》中说：“豆荚状如老蚕，故名。”

蚕豆起源于地中海沿岸以及亚洲西部。考古学家发现，距今五千年前的约旦已经有蚕豆了。从亚洲西部出发，蚕豆向全世界传播的线路大致有四个方向：向北传入欧洲，向西沿着北非海岸线一路传播，向南沿尼罗河到埃塞俄比亚，向东从美索不达米亚抵达印度。

相传西汉张骞出使西域将蚕豆传入中国，故称“胡豆”。三国魏张揖《广雅》中有“胡豆”的记载，被认为就是蚕豆。但蚕豆在中国的普及较晚，一直到北宋年间才逐渐推广普

及，出现了有关蚕豆的记载与诗作。南宋杨万里有诗咏蚕豆："翠荚中排浅碧珠，甘欺崖蜜软欺酥。"这一首诗历来被认为是吟咏蚕豆的早期佳篇。

蚕豆还有个名字叫"佛豆"，这是因为北宋初年，蚕豆从云南传入四川等地，由于当时云南是佛国，故称"佛豆"。北宋宋祁著有《益部方物略记》，其中有《佛豆赞》，作者称："豆粒甚大而坚，农夫不甚种，唯圃人莳以为利。以盐渍食之，小儿所嗜。"可见当时的蚕豆还没有大面积种植，更多被当作零食在吃。但蚕豆的食用价值很快就被更多人接受并认知了，在元代的《农书》里称蚕豆可以"代饭充饱"。中国目前产蚕豆的主要地区是四川，所以也有人将蚕豆称作"川豆"。有意思的是，四川至今还有人将蚕豆称作"胡豆"。

在蚕豆的起源地之一西班牙，没有去皮的蚕豆与火腿、血肠等一起炖煮，是加泰罗尼亚地区的传统家乡菜。在埃及、土耳其等国家，蚕豆多半也都炖煮得非常烂。可是在中国，蚕豆却有着诸多吃法。每年春末夏初，大批蚕豆新鲜上市。主妇将豆从豆荚里剥出，加油和盐煸炒，撒大量葱花，就是一碗碧绿鲜嫩的时鲜菜。《扬州散记》里将"蚕豆"与"鲥鱼、樱桃、笋、苋、蒜苗、麦仁、杨花萝卜"同列为"初夏八珍"。立夏时，江南一带吃蚕豆饭，加入咸肉等增味，也是一种季节的馈赠美食。所以，蚕豆又有"立夏豆"之称。

蚕豆剥出来就是豆瓣，可以存放更久。豆瓣做的菜更是种类繁多，可以炒、煮、蒸或者做成汤，著名的四川郫县豆瓣就是用蚕豆制成的。

蚕豆又耐饥又美味。鲁迅发表于1922年的《社戏》中，描述了儿童偷罗汉豆吃，罗汉豆就是蚕豆。"这回想出来的是桂生，说是罗汉豆正旺相，柴火又现成，我们可以偷一点来煮吃。大家都赞成，立刻近岸停了船；岸上的

田里，乌油油的都是结实的罗汉豆。”这种已长结实的蚕豆要去豆荚，烧熟后再吃。吃完以后，豆荚豆壳都扔进水里。

更讲究的则是吃新鲜蚕豆。清代《随园食单》里写：“新蚕豆之嫩者，以腌芥炒之，甚妙。随采随食方佳。”在江苏高邮长大的作家汪曾祺，回忆儿时吃最嫩的、“尾巴上尚留些蚕花”的蚕豆：“只一掰就断了，两三粒翠玉般的嫩蚕豆舒适地躺在软白的海绵里，正呼呼大睡，一挤也就出来了，直接扔入口中，清甜的汁液立刻在口中迸出，新嫩莫名。”

鲁迅笔下的茴香豆，是浙江绍兴的一味吃食。小说《孔乙己》里最廉价普遍的下酒菜就是一碟子茴香豆。制作茴香豆的原料正是当地盛产的蚕豆，加入茴香、盐、桂皮等煮成。上海城隍庙的奶油五香豆也是地方特产，同样是用蚕豆做成的。还有，各地都有的香酥兰花豆，也是用蚕豆做的。

虽然爱吃蚕豆的人很多，但也有少数人患有“蚕豆病”，又称“胡豆黄”。所谓蚕豆病即“G6PD缺乏症”，这类人缺乏葡萄糖–6–磷酸脱氢酶，吃蚕豆后引起溶血性贫血，严重的可导致死亡。每年都有小儿因吃蚕豆而发生意外，酿成惨剧。

大蒜

Allium sativum L.

[别名] 蒜头、大蒜头、胡蒜、葫
[拉丁名] Allium sativum L.
[科属] 百合科葱属
[原产地] 亚洲西部及欧洲南部
[传入时间] 西汉

大蒜属于百合科葱属蒜种，与中国原产的小蒜不同。小蒜的鳞茎细小如薤，只有一个鳞球。我们吃的大蒜是西汉张骞出使西域带回的外来物种。晋代张华的《博物志》记载：“张骞使西域，得大蒜、胡荽。”元代王祯的《东鲁王氏农书》写道：“张骞使西域得大蒜种归，种之。……蒜有大小之异，大者曰葫，即今大蒜，每头六七瓣。……小者曰蒜，叶似细葱而涩，头小如荞，即今山蒜。”明代李时珍《本草纲目》引用《唐韵》说：“张骞使西域，始得大蒜、胡荽。则小蒜乃中土旧有，而大蒜出胡地，故有胡名。二蒜皆属五荤。”大蒜在古代被称作“葫”，正是因为它是外来物种。

如今，中国已经是首屈一指的大蒜出口国。在堂·吉诃德的故乡拉曼查，当地有人将大蒜与蒜秧子编成一股蒜辫，这样的编结方式在西班牙已经不多见了。而在中国，蒜辫可是寻常可见，三十头左右为一辫，晾晒储存或贩卖。不过，拉曼查的大蒜外皮是粉红色的，比中国出口的大蒜个头大许多，当地的大蒜汤可是著名的美味。

中国无论南北都爱吃大蒜，它未必是餐桌上的主角，但有了大蒜，整道菜的味道就完全不一样了。张爱玲散文里回忆在上海吃到的蒜瓣炒苋菜，“一碗乌油油紫红夹墨绿丝的苋菜，里面一颗颗肥白的蒜瓣染成浅粉红”，就好像捧着一盆常见的不知名的西洋盆栽，“这热乎乎的苋菜香”一大半功劳就得归于大蒜。北京经营涮羊肉的东来顺，特制的糖蒜很受好评。新蒜上市时，店家买来大量白皮六瓣蒜，加白糖桂花等料制作而成。哈尔滨的红肠特别好吃，那里头也有浓郁的大蒜香。

大蒜可以吃的部分很多，不仅鳞茎部分，也就是白白胖胖的大蒜头可以吃，抽出的绿色花茎叫作“蒜薹”，也是许多人喜欢吃的蔬菜。蒜薹又被称作蒜苗、蒜毫，常被误写作“蒜苔”。

成书于宋代的《浦江吴氏中馈录》是一本古代菜谱集，其中记载了不少用大蒜制作的食物。比如“蒜瓜”：“秋间小黄瓜一斤，石灰、白矾汤焯过，控干。盐半两腌一宿。又盐半两，剥大蒜瓣三两，捣为泥，与瓜拌匀，倾入腌下水中，熬好酒、醋浸着，凉处顿放，冬瓜、茄子同法。”又如“蒜苗干”：“蒜苗切寸段，一斤，盐一两。腌出臭水，略晾干，拌酱、糖少许，蒸熟，晒干，收藏。”还有“蒜梅”，用“青硬梅子二斤，大蒜一斤”，“至七月后，食，梅无酸味，蒜无荤气也”。

大蒜被认为可祛病、抗菌、辟邪。古埃及人最早栽培大蒜，为避免造金字塔的奴隶染病，就给他们生嚼大蒜。南宋叶梦得《避暑录话》中记载：

“因记崇宁己酉岁余为书局时，一养仆为驰马至局中，忽仆地，气即绝，急以五苓大顺散等灌之，皆不验。已逾时，同舍王相使取大蒜、一握道上热土杂研烂，以新水和之，滤去滓，划其齿灌之，有顷即苏，至暮此仆度中，余御而归。”这也是以大蒜治病的一个案例。

无论是西方还是东方，大蒜都被认为可以用来辟邪。西方人认为大蒜能驱走吸血鬼，前些年，塞尔维亚传说中的吸血鬼住的磨坊小屋坍塌，当地政府建议民众将大蒜挂在窗边和门口，以驱赶吸血鬼，导致大蒜脱销。而在中国传说里，大蒜被认为能驱鬼辟邪，有人在早上吃大蒜，在家门前悬挂大蒜，以保平安。

大蒜在许多国家都被当作“男人菜”，充满阳刚之气。美国作家安妮·普鲁写过一篇美食小说《大蒜战争》，讲述爱做菜的丈母娘怎样通过悄悄在菜里加入大蒜，来让素来节制饮食的女婿爱上大餐的。文章将大蒜的美味与功效都极力赞扬了一番：“大蒜的魔力将一个脾气火爆的固执驴子，改造成温和善良的好好先生。不但如此，索菲娅在结婚一年后，生了对双胞

胎，两个都是男孩。贝拉姨将此完全归功于还悬在他们床下的几瓣大蒜。”

《说文解字》曰：“蒜，荤菜也。”佛教徒称葱蒜等有特殊气味的菜为“五荤”，《梵网经》：“若佛子，不得食五辛，大蒜、茖葱、慈葱、兰葱、兴渠，是五种，一切食中不得食。”大蒜位列“五荤”第一。尤其是生的大蒜，比熟的大蒜气味更重。

为什么大蒜会有浓烈的异味呢？科学家们一直在研究，直到20世纪40年代人们提炼出了“大蒜素”。大蒜素是一种有机硫化合物，正是这种含硫的物质具有强烈的刺激性气味。大蒜素进入人体内消化，还会形成挥发性的、无法进一步分解的烯丙基甲基硫醚，只能通过呼吸、汗液、尿液等排出体外。

不过，大蒜素是在大蒜被弄碎后才会产生的，产生大蒜素的蒜氨酸和蒜氨酸酶原本两两不相见，位于细胞的不同部位，各自并没有强烈异味。只有当大蒜的细胞被破坏后，这两种物质才会产生反应，生成气味扑鼻的大蒜素。

豆瓣菜

Nasturtium officinale R.Br.

[别名] 西洋菜、水田芥、凉菜、耐生菜

[拉丁名] Nasturtium officinale R.Br.

[科属] 十字花科豆瓣菜属

[原产地] 地中海沿岸

[传入时间] 清末民初

“豆瓣菜”这个中文名字，对许多中国人来说都很陌生，但是提及它的别名“西洋菜”，中国南方一些地区的人就会恍然大悟：“原来是它啊，昨晚刚吃过。”

豆瓣菜是多年生草本植物，因为它的叶子又小又圆，状如豆瓣，故名“豆瓣菜”。这种植物原产自地中海沿岸，约在19世纪由葡萄牙传入我国，由于是漂洋过海而来才为国人接受的蔬菜，故名“西洋菜”。它的茎是中空的，可以在水中生发出新的不定根，所以繁衍能力很强，又被称作“耐生菜”。

这种易生长的植物，一度被有些国家的人当作杂草。1808年，英国的农学家最早开发种植豆瓣菜，迅速推广至全国。今天在英国的超市里还能看到大包袋装的豆瓣菜售卖。也就

是说，全球开始大吃特吃豆瓣菜，不过才200来年的历史，它的热潮尚未退却，方兴未艾。

豆瓣菜是一种保健型蔬菜，嫩茎与叶可食，带一些微微的苦味，气味辛香。它性寒，具有润肺、利尿、化痰止咳等功效，被称作“天然清燥救肺汤”。无论是英国人还是美国人，都将豆瓣菜推荐为“优质蔬菜”。美国疾病控制与预防中心计算果蔬的营养密度，结果，排名第一的正是豆瓣菜。

富含维生素的豆瓣菜还能抗癌、降低甘油三酯含量。英国人虽然不觉得豆瓣菜有多好吃，但专家认为它富含抗氧化物质，能够杀灭自由基，应该在锻炼身体前多吃。英国的汉普郡种植了大片豆瓣菜，当地举行世界吃豆瓣菜大赛，让选手抓着碧绿的生豆瓣菜直往嘴里塞。

在我国岭南，人们将豆瓣菜称作西洋菜，除了吃清炒西洋菜、白灼西洋菜外，还常常用它来煲汤，可搭配鲜肾、陈肾、猪肺、鲜淮山、猪骨、瘦肉、鱼、蜜枣等。粤港地区有一款“西洋菜鲜陈肾汤”，将鲜鸭肾、干鸭肾与西洋菜一同煲，文火细细炖，炖至西洋菜的茎叶差不多变成了黑色，彻底软烂，这汤十分滋补。猪肺也经常与西洋菜搭配煲汤，加入墨鱼、蜜枣等，有润肺止咳之效。

岭南人民将西洋菜，也就是豆瓣菜炖了个稀烂，也有人提出相反意见，认为这种蔬菜十分鲜嫩，不宜烹得过烂，影响口感。他们主张豆瓣菜应该做成沙拉生吃，或者焯一下水后即食，例如在吃火锅的时候整把放入汆烫。近些年来，中国北方地区也出现了豆瓣菜的身影，多是从欧洲引进的大叶品种。

番 茄

Lycopersicon esculentum Mill.

关于吃番茄，有个广为人知的故事：传说16世纪中叶，色泽艳丽的番茄刚从美洲传到欧洲，人们普遍认为它有毒，只观赏其色，它还有个可怕的名字叫“狼桃”。后来，法国有个勇敢的画家决心拼死也要亲口品尝下这美丽果子的滋味。他没有被毒死，番茄也由此成了红遍全球的蔬菜。这当然是个很适合拿来写作文的好故事。

番茄为茄科番茄属，原产地是南美洲的安第斯山脉。西班牙人在秘鲁发现了这种鲜艳的果子，将它称作“秘鲁苹果”或“爱情苹果”，并带回了欧洲。奇货可居的番茄是罕有的珍果，英国公爵将它郑重其事地送给情人——女王伊丽莎白一世。当时人们普遍相信美丽的番茄果实含有毒素，还曾错误地食用过含有生物

[别名] 西红柿、番柿、六月柿、洋柿子、西番柿、狼桃、柑仔蜜
[拉丁名] Lycopersicon esculentum Mill.
[科属] 茄科番茄属
[原产地] 南美洲安第斯山
[传入时间] 明末

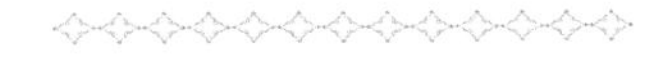

碱的番茄叶子。直到18世纪后期，欧洲人才敢吃番茄，并在南欧作为蔬菜大批量种植。

中国大约在明朝万历年间引入栽种此种植物。有专家研究发现，番茄是从海路传入南方沿海地区的：一路是从东南亚传入中国广东，另一路是明末清初从荷兰传入中国台湾。

不过，番茄最初传入中国时，同样是作为观赏植物。成书于明末的《群芳谱》记载："番柿，一名六月柿，茎如蒿，高四五尺，叶如艾，花似榴，一枝结五实或三四实，一树二三十实。缚作架，最堪观。来自西番，故名。"番茄在中国有多个别名，例如番柿、六月柿、洋柿子、西番柿等等，现在中国北方也习惯把番茄叫作"西红柿"。这是因为番茄的外形很像成熟的红柿子，"西"则指出它原本来自"西方"。而在台湾南部，人们将番茄称作柑仔

蜜，形容它的味道甜甜的，形状像柑子。

一直到19世纪中后期，中国人才开始吃番茄。20世纪初，上海等大城市郊区菜园开始大面积种植番茄，供人食用。而全国大规模种植食用番茄，则要到20世纪50年代以后了。汪曾祺散文《五味》写道："西红柿、洋葱，几十年前中国还没有，很多人吃不惯，现在不是都很爱吃了么？"陆文夫1983年发表的小说《美食家》里详细描述了一桌丰盛的姑苏宴席，热炒次第上桌，"第一道是番茄塞虾仁"。番茄塞虾仁乃是将炒好的虾仁塞入挖空的番茄里，这是对苏州菜的创新，是典型的西餐中吃。现在，中国是世界主要番茄生产国之一。

野生的番茄果实相当小，在经历了从"醋栗番茄"到"樱桃番茄"再到"大果番茄"的变化后，如今番茄果实已比它的祖先重了差不多百倍。含

有番茄红素的番茄被认为是健康蔬果，可直接生吃，也能煎、炒、烤、炸，还可以做成番茄酱搭配各种食物。酸酸甜甜的番茄酱很受孩子欢迎，经常会出现在快餐、简餐的配料里。以至于法国政府2011年禁止在中小学和大学餐厅里使用番茄酱，旨在保护法国菜的传统，不让浓厚的番茄酱味道盖过食物的味道。

对于许多亚洲国家而言，番茄的滋味象征着西方。日本有一款经典的拿波里意面，拿波里就是意大利南部的那不勒斯。不过，“拿波里意面”却是日本人的发明。第二次世界大战后，日本横滨市的新格兰（New Grand）酒店被美国驻军接管，美国士兵爱把番茄酱拌入意面吃。酒店的主厨入江茂忠受到启发，在意式面条中加入番茄酱以及火腿、青椒等食材翻炒，发明出了拿波里意面。在不少日本人心目中，拿波里意面唤醒的是回忆中温馨的妈妈味道，这其中番茄酱的功劳最大。

番茄喜温喜光，例如在阳光充足的西班牙、意大利等欧洲国家，长势特别好。西班牙巴伦西亚省的布尼奥尔镇，一年一度会举行扔番茄大战，通常定于8月的最后一个星期三，至今已有超过半个世纪的历史。这是小镇守护神之节的压轴活动。当地政府会用卡车运来番茄，供人们丢掷、揉搓，直到所有人以及路面都沾满红红的番茄汁。

番茄与鸡蛋是一对好搭档。在中国，番茄炒鸡蛋被戏称为“国菜”，全国各地都能吃到。如果想要激烈地公开表示不满，烂番茄与臭鸡蛋也是人们常用到的道具。电影界有个“烂番茄网”（Rotten tomatoes），这是美国的一家专业影评网站，创建于1998年。某部电影的正面评论要是超过了60%，其烂番茄指数被认作“新鲜（fresh）”，给予红番茄标注；反之则被认作“烂片”，标以绿色番茄叶。每年，“烂番茄网”还会选出年度金番茄奖和烂番茄奖。

番薯

Ipomoea batatas (L.) Lam.

[别名] 红薯、山芋、地瓜、白薯、甘薯、红苕、红山药、红芋、朱薯

[拉丁名] Ipomoea batatas (L.) Lam.

[分类] 旋花科番薯属

[原产地] 中美洲热带地区

[传入时间] 明代

番薯是旋花科番薯属的植物，我们通常吃的是它富含淀粉与糖分的膨大块茎。这种植物原产自中美洲热带地区，哥伦布将之带回，献给西班牙女王。1565年，西班牙人将番薯引种到了菲律宾。

明朝时番薯传入中国，有几条途径。其中，最著名的一条传播途径是通过菲律宾传入福建，走的是海路。16世纪时，西班牙人将番薯带到了吕宋，也就是现在的菲律宾。《明万历实录》记载，明万历二十一年（公元1593年），福建人陈振龙漂洋过海经商期间，“目睹彼地朱薯被野，生熟可茹，功同五谷”，将番薯带回故乡福州引种成功。西班牙人当时“珍其种，不与中国人”，陈振龙将薯藤绞入汲水绳，瞒过了海关。陈氏父子当年就在福州种出

了“子母相连，小者如臂，大者如拳，味同梨枣”的“朱薯”，受到了当地巡抚的表彰。这年冬天，“朱薯”正式被命名为“番薯”。

此外，番薯传入中国的另一条途径，据记载是从印度、缅甸传入云南。清乾隆十五年编写的《蒙自县志》中记载是由王琼引入种植的。

不少学者认为，番薯的引种与推广，对中国历史意义深远。番薯耐旱，适应性强，是荒年百姓的救命粮。陈振龙将番薯引入的次年，闽南大旱。番薯立即被推广种植并获得丰收，饥民得以果腹。徐光启在《甘薯疏序》中写到从莆田徐生处得到“甘薯”种并获得成功，上疏朝廷大力推广。而到了清代人口大迁移、大增长的时期，番薯更是随着移民浪潮，被推广到了全国。

“番薯”的“番”点明了它的外来特征。一般来讲，从海外传入粤闽地区的，会被冠以“番”字，这是因为当地人土语称洋人为“番人”或“番鬼”。番薯在中国各地别名相当多，有甘薯、红薯、白薯、山芋、地瓜、红苕、

红山药等各种称呼，这些得名或因为其皮色，或因为长得像当地某种外形相似的植物。

除了做粮食外，中国民众也普遍爱吃烤番薯、番薯汤等。清代孙殿起的《北京风俗杂咏续编》中，有《煮白薯》诗："白薯传来自远方，无异凶旱遍中原；因知美味唯锅底，饱啖残余未算冤。"注曰："因煮过久，所谓锅底者，其甜如蜜，其烂如泥。"

梁实秋写过篇《北平的零食小贩》，把作为零嘴儿吃的番薯写得更详细："'白薯'（即南人所谓红薯），有三种吃法，初秋街上喊'栗子味儿的'者是干煮白薯，细细小小的一根根地放在车上卖。稍后喊'锅底儿热和'者

为带汁的煮白薯，块头较大，亦较甜。此外是烤白薯。”

除了吃番薯块茎外，中国南方还有人吃番薯叶，并美其名曰“护国菜”。此菜得名很有来头，传说1278年，南宋最后一个皇帝赵昺逃到了潮州的深山古庙。庙中和尚用番薯叶做成汤菜给他吃。赵昺饥渴交迫，对这道色泽碧绿、清香可口的菜大加赞赏。从此以后，番薯叶汤菜得名“护国菜”。民国张华云有一首《竹枝词·护国菜》：“君王蒙难下潮州，猪嘴夺粮饷冕旒，薯叶沐恩封护国，愁烟惨绿自风流。”不过，传说虽然生动，但显然不是真的。因为番薯原产美洲，明代才引进中国，南宋末年，中国人是吃不到番薯叶的。

番 杏

Tetragonia tetragonioides (Pall.) Kuntze

[别名] 洋菠菜、法国菠菜、新西兰菠菜、毛菠菜

[拉丁名] Tetragonia tetragonioides (Pall.) Kuntze

[科属] 番杏科番杏属

[原产地] 澳大利亚及南半球环太平洋地区

[传入时间] 清代

番杏属于番杏科番杏属，原产于澳大利亚及环太平洋地区，生长在海岸边。清朝初年，番杏从东南亚由海路传入中国，首先登陆的是福建等沿海地区。因为来自外国，而叶片又像杏叶，故名“番杏”。不过，番杏传入后并没有立即得到推广。20世纪中叶到21世纪初，中国又多次从欧美引进番杏新品种作为蔬菜食用。

在中国，番杏有不少别名都与菠菜有关，例如洋菠菜、法国菠菜、新西兰菠菜等。颜色碧绿的番杏，从外形上看的确与菠菜相似。在澳大利亚、新西兰等番杏的原产地区，它的地位几乎与菠菜等同，算得上当地相当重要的一种绿叶菜。番杏的叶片肥厚，汁液有些发黏，烹饪方法也与菠菜差不多。

我们今天吃的大多数蔬菜，都是北半球开发出来的品种，番杏算是难得的南半球蔬菜。18世纪时，英国的海上探险家库克船长一路为他的“奋进号”船员找寻新鲜蔬菜，以对抗坏血病。他登上新西兰陆地后，发现了这种长在海边盐碱地上的绿叶菜。库克船长命令船员采摘了大量番杏，除了小部分当场做菜吃掉外，还储存了许多。对番杏的开发应该感谢英国人，因为新西兰当地的毛利人一直对长着绿色叶子的番杏视而不见，从没有把它当食物过。

南半球的番杏来到北半球后，曾在欧洲引起过一股短暂的风尚，但新鲜劲儿很快就过去了。当时有人撰文评价番杏“对于北半球的纬度还是不太适合”。而且番杏的地上部分经不起霜冻，在蔬菜匮乏的季节也不能一展风采。于是，番杏有了新家，但并没有成为欧洲的主流蔬菜。这使得它始终带给人一种新鲜的野趣，一种异域风情，令人耳目一新。番杏含有丰富的

英国著名的探险家库克船长

铁、钙、维生素A，吃起来也颇鲜嫩清爽。

番杏目前在中国还是一种比较高档的蔬菜。它的嫩叶与嫩茎尖可炒食、凉拌或做成汤，还可以拿来煮粥，甚至有人拿它与肉拌成馅料包饺子或包子吃。番杏可以清热解毒、消肿利尿，是一种时髦的保健型蔬菜。要注意的是，番杏含有单宁，在食用前需先用热水焯熟。

北京筹备奥运会时，启动了奥运蔬菜引进工程，引进的蔬菜之一就是来自澳大利亚的番杏。台湾作家刘克襄称番杏“绝对超脱一般野菜的粗涩和苦涩”，并且看好它，“在很多干旱严重的地方成为未来的重要蔬菜”。

荷兰豆

Pisum sativum L.

[别名] 荷仁豆、剪豆、刀把豆、菜豌豆、月亮菜

[拉丁名] Pisum sativum L.

[科属] 豆科豌豆属

[原产地] 地中海沿岸

[传入时间] 清初

荷兰豆属于豌豆属豌豆种的荷兰豆亚种。人们吃荷兰豆，不只是吃豆荚里的豆子，而是连碧绿肥嫩的豆荚也一起吃下肚。荷兰豆吃起来质地略脆，满口清香，带着丝丝甜味，很受欢迎。

虽然名叫"荷兰豆"，但它并非原产自荷兰，而是南欧地中海沿岸。中国人之所以呼之为荷兰豆，乃是因为它是由荷兰人传来的。清乾隆初年编的《台湾府志》记载："荷兰豆，种出荷兰，可充蔬品。熬食，其色新绿，其味香嫩。"到了道光年间，广东人刘世馨在《粤屑》里写道："荷兰豆，本外洋种，粤中向无有也。乾隆五十年，番船携其豆仁至十三行，分与土人种之……豆种自荷兰国来，故因以为名云。"

荷兰豆很早就传入上海。唐鲁孙回忆过民国时期上海虹口的憩虹庐餐馆："憩虹庐最著名的是粉果。……粉果的皮子是番薯粉跟澄粉揉合的，香软松爽，不皱不裂，馅儿红的是虾仁火腿胡萝卜，绿的是香菜泥荷兰豆，黑色是冬菇，黄色是鸡蓉干贝。"粉果这味点心是粤式的，馅料中的荷兰豆应该是被切碎了的。

在中国，荷兰豆是从南方逐渐向北方传播的，它成为全国普及的蔬菜大约在20世纪下半叶。汪曾祺在《食豆饮水斋闲笔》中记叙："全国兴起了吃荷兰豌豆也就近几年的事。我吃过的荷兰豆以厦门为最好，宽大而嫩。厦门的汤米粉中都要加几片荷兰豆，可以解海鲜的腥味。北京吃的荷兰豆都是从南方运来的。我在厦门郊区的田里看到正在生长着的荷兰豆，搭小架，水红色的小花，嫩绿的叶子，嫣然可爱。"

荷兰豆在英语里叫"snow pea"，直译是"雪豆"。荷兰豆也在一些地方被写作"Chinese snow pea"，变成了中国的豆。这大概是因为荷兰豆在中国南方落地生根后，又返销传到了欧洲。荷兰豆在英国的超市里也写作"Mangetout"，这个词来源于法语，直译为"全都吃完"。而在荷兰留学的中国人，在阿姆斯特丹超市里发现这种蔬菜被称作"suger spaps"，直译为"甜豌豆"。几年前，网上风传中国人称之为"荷兰豆"的蔬菜，在荷兰被称为"中国豆"："多年前和一个荷兰朋友吃饭，特地点了荷兰豆。他惊喜地问我这个是什么，我说是荷兰豆啊，他说在荷兰叫'中国豆'……"一时之间人们议论纷纷，感慨这物质交流的神奇巧合。

吃荷兰豆的时候可不能像剥豌豆那样，取出豆子扔掉豆荚。荷兰豆里的豆子嫩而瘪小，主要吃的是豆荚。中国人认为，与大多数豆类一样，荷兰豆要熟透之后再吃，否则可能中毒。在我国，荷兰豆的吃法往

上好佳
荷兰豆
PEA SNACK

往是炒，可以搭配切成片或丁的火腿、腊肉、香肠、培根等口味重的荤物，更衬托出其清香爽口，也可以把煮熟的荷兰豆做成色拉。在制作之前，得事先把荷兰豆两边的筋撕去。香港美食家蔡澜曾介绍失传菜，其中有一道“酿荷兰豆”：“把鲜虾、半肥瘦猪肉、冬菇和虾米剁碎，打至胶状，酿入荷兰豆荚，煎熟即成。”这仍旧是利用了荷兰豆肥厚的豆荚，而且搭配了肉。

胡萝卜

Daucus carota L.var.sativa Hoffm.

[别名] 甘笋、金笋、红萝卜、黄萝卜、胡芦菔、番萝卜

[拉丁名] Daucus carota L.var. sativa Hoffm.

[科属] 伞形科胡萝卜属

[原产地] 亚洲西部

[传入时间] 宋代

胡萝卜并不是萝卜家族成员。萝卜属于十字花科萝卜属，而胡萝卜属于伞形科胡萝卜属。萝卜原产自中国，而胡萝卜原产自亚洲西部。

我们平时吃到的粗壮甜脆的胡萝卜是经过人工培植变种的，根肉质，呈长圆锥形，橙色或红色。而野生胡萝卜没有圆锥形的肉质根，可以入药。明代早期朱橚的《救荒本草》云："野胡萝卜苗、叶、花、实，皆同家胡萝卜，但根细小，味甘，生食、蒸食皆宜。花、子皆大于蛇床。"大约一千年前，野胡萝卜在阿富汗一带被驯化成蔬菜胡萝卜。胡萝卜大约在10世纪从亚洲西部传到了欧洲，又在16世纪传入了战国时代的日本。

为何叫作"胡萝卜"呢？李时珍的《本草纲目·菜部》记载："元时始自胡地来，气味微似

萝卜，故名。”因为食用部分都是肉质根，所以中国人将胡萝卜比附萝卜，冠以“胡”字标明外来身份。

李时珍称胡萝卜是元代传入中国的，但这种说法也被人质疑。有人认为胡萝卜大约在宋代通过伊朗传入中国。南宋高宗绍兴年间，王继先等人奉旨以《大观本草》为底本，修成《绍兴本草》，增加了六种药物，其中就包括胡萝卜、香菜、银杏、豌豆等。南宋浦江吴氏的《吴氏中馈录》中有“胡萝卜鲊”：“切作片子，滚汤略焯，控干。入少许葱花、大小茴香、姜、橘丝、花椒末、红曲，研烂同盐拌匀，腌一时，食之。”浦江吴氏是中国第一位出食谱的女厨师。

元代忽思慧的《饮膳正要》记载：“胡萝卜，味甘平，无毒。”书中有不少菜肴汤羹用到了胡萝卜，例如“荤素羹”材料里有“胡萝卜十个”，“黄

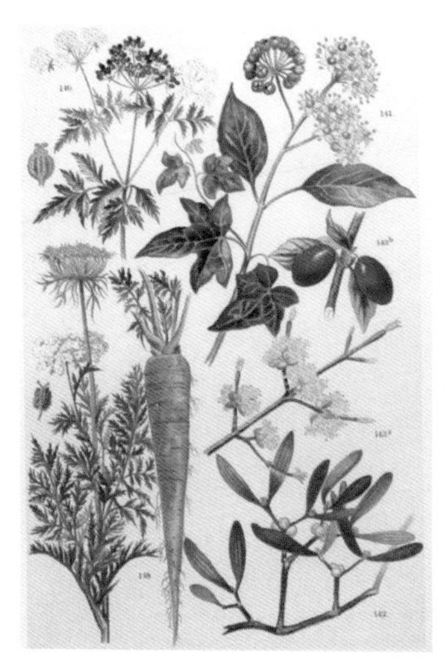

汤”材料里有“胡萝卜五个”，“芙蓉鸡”有“胡萝卜（十个，切）”，等等。中国西部少数民族的羊肉抓饭中也有胡萝卜，色彩鲜艳，诱人食欲。

胡萝卜的营养价值得到普遍肯定。1929年，科学家实验发现，胡萝卜素能在大鼠体内转化为维生素A。胡萝卜富含β－胡萝卜素，在人体内可以转化成维生素A，改善夜盲症、皮肤粗糙等病。印度民族解放运动领袖甘地就爱吃胡萝卜，所以他没有得许多素食者患有的夜盲症。胡萝卜有“小人参”的美誉，并在20世纪中叶以后得到大力推广。

1944年，民国才女张爱玲写过一篇《说胡萝卜》：“有一天，我们饭桌上有一样萝卜煨肉汤。我问我姑姑：‘洋花萝卜跟胡萝卜都是古时候从外国传进来的吧？’她说：‘别问我这些事。我不知道。’她想了一想，接下去说

道：‘我第一次同胡萝卜接触，是小时候养叫油子，就喂它胡萝卜。……要不然我们吃的菜里是向来没有胡萝卜这样东西的。’”张爱玲的姑姑张茂渊是清光绪年间生人，当时胡萝卜还没有现在这般普及。现在，胡萝卜是大江南北都流行的常见蔬菜，生食熟食皆宜，可以切片、切丝炒菜或凉拌，也可以煮汤或做胡萝卜蛋糕。

胡萝卜有别名叫“金笋”，天然的橙色蔬菜并不多见，所以它在中国博大精深的饮食文化里，还象征着金条。民国以来，有一种中西合璧的浓汤叫“金必多汤”（Comprado Soup），“comprado”即“买办”。这道汤加入奶油、火腿、胡萝卜，另外还有鲍鱼或鱼翅等典型的中餐珍贵食材。这其中，橙红色的胡萝卜象征多金，也正是“金必多”名字的来由。

在欧洲，胡萝卜曾被当作饲料喂牲口，穷人才经常吃胡萝卜。居里和居里夫人在实验室里忙碌的时候，就吃胡萝卜充饥。

“胡萝卜加大棒（carrot and stick）”指的是一种奖励与惩罚并举的激励机制。赶驴子的时候，要在它前面放一根胡萝卜引诱，同时又用棒子在后头赶它前行，恩威并施。这一词最早在1948年12月11日的英国《经济学人》上出现，被《牛津英语词典》增订时收入。甘美的胡萝卜当然指的是奖励。

至于兔子爱吃胡萝卜，这其实是个误会。1934年，好莱坞拍了一部经典电影《一夜风流》，其中克拉克·盖博就喜欢风流倜傥地啃着根胡萝卜。此后，卡通形象“兔八哥”登上银幕，在动画电影里模仿克拉克·盖博吃胡萝卜的样子，风靡一时。从此以后，提到兔子爱吃什么，人们就会联想到胡萝卜。实际上，兔子是食草动物，在野外很少吃植物的地下根茎，吃多了胡萝卜可是容易蛀牙的。

黄 瓜

Cucumis sativus L.

[别名] 胡瓜、刺瓜、王瓜、青瓜、吊瓜、唐瓜、勤瓜
[拉丁名] Cucumis sativus L.
[科属] 葫芦科黄瓜属
[原产地] 印度热带地区
[传入时间] 西汉

黄瓜是葫芦科黄瓜属，我们食用的是其嫩瓠果，植物学上称作假浆果。20世纪二三十年代著名的东北女作家萧红，在《后花园、爷爷和我》里有段著名的话："黄瓜愿意开一个谎花，就开一个谎花，愿意结一个黄瓜，就结一个黄瓜。若都不愿意，就是一个黄瓜也不结，一朵花也不开，也没有人问它。"

这种植物原产于印度热带地区，史载西汉时，张骞出使西域带回中国，最初被称为"胡瓜"。《本草纲目》记载："张骞使西域得种，故名胡瓜。"

北魏贾思勰的《齐民要术》中写道："收胡瓜，候色黄则摘。"这也是我们今天称其为"黄瓜"的原因，因为它成熟后皮会变成黄色。不过，现在人们都不会等到黄瓜的皮色发黄后食

用，而是喜欢皮色翠绿、吃起来脆生生的嫩黄瓜。

“胡瓜”是何时改名为“黄瓜”的呢？有种普遍的说法是后赵石勒讳称“胡”字，所以把“胡瓜”改称为“黄瓜”。但也有人认为，石勒改名之说乃牵强附会，认为是隋朝时期改名的。唐代吴兢的《贞观政要》记载：“隋炀帝性好猜防，专信邪道，大忌胡人，乃至谓胡床为交床，胡瓜为黄瓜，筑长城以避胡。”唐代杜宝《大业杂记》也记载：“（隋炀帝）自幕北还至东都，改胡床为交床，胡瓜为白露黄瓜，改茄子为昆仑紫瓜。”北宋苏轼《浣溪

清代画家虚谷的黄瓜图作

沙》词中写道："簌簌衣巾落枣花，村南村北响缲车。牛衣古柳卖黄瓜。"

黄瓜还有个别称叫"王瓜"。明代小说《金瓶梅》的背景是万历中期，其中写到不少酒席菜肴，"案鲜"之一就有"曲湾湾王瓜拌辽东金虾"。清代吴伟业《咏王瓜》写道："同摘谁能待，离离早满车，弱藤牵碧蒂，曲项恋黄花。客醉尝应爽，儿凉枕易斜。齐民编月令，瓜路重王家。"老舍小说《正红旗下》也写道："到十冬腊月，她要买两条丰台暖洞子生产的碧绿的、尖上还带着一点黄花的王瓜。""王"与"黄"读音相近，但笔画数少了很多，这也是"王瓜"流行的原因吧。

黄瓜喜温，不耐寒，盛产于夏季。所以在过去，严冬里的新鲜黄瓜很稀有。古人很早就开始温室种植反季节黄瓜。唐代的王建《宫前早春》描述："酒幔高楼一百家，宫前杨柳寺前花。内园分得温汤水，二月中旬已进瓜。"明代王世懋《学圃余疏》记载："王瓜出燕京最佳，其地人种之火室中，逼生花叶……"

梁实秋在散文里写道："在北平，和香椿拌豆腐可以相提并论的是黄瓜拌豆腐，这黄瓜若是冬天温室里长出来的，在没有黄瓜的季节吃黄瓜拌豆腐，其乐也何如？"在北方的都城里，冬天里的黄瓜价格不菲。明末刘侗、于奕正《帝京景物略》记载："元旦进椿芽、黄瓜……一芽一瓜，几半千钱。"谈迁《北游录》记载："三月末，以王瓜不二寸辄千钱。"清代嘉庆年间的《京都竹枝词》写道："黄瓜初见比人参，小小如簪值数金。微物不能增寿命，万钱一食亦何心？"可见，作为反季节蔬菜的代表，冬天里的黄瓜可不是一般地贵。

既然在过去，黄瓜不是一年四季都能吃到的，那么腌渍黄瓜也别具风味。欧洲人喜欢酸黄瓜，中国人喜欢酱黄瓜，都脆嫩爽口、诱人食欲。

黄秋葵

Abelmoschus esculentus L.Moench

[别名] 黄秋葵、咖啡黄葵、羊角豆、毛茄、洋辣椒、补肾草

[拉丁名] Abelmoschus esculentus L.Moench

[科属] 锦葵科秋葵属

[原产地] 非洲

[传入时间] 20世纪初

黄秋葵在中国被普遍称作秋葵。秋葵热是近几年才在中国一些城市兴起的。仿佛一夜之间，好多菜场里就冒出了颜色翠绿的秋葵。主妇们看着这种棱角分明、形似尖椒的时髦蔬菜，纳闷该如何料理烹饪。它们长得毛茸茸的，被切开后就冒出了白色的籽，流出黏黏的汁液，吃到嘴里滑溜溜的，味道寡淡，属于蔬菜界的小身板、小清新。在潮汕饭店里吃到过秋葵，乃是切碎了和鸡蛋同炒。在上海人家里吃过白灼秋葵，是用水焯一下蘸调料吃。而江西萍乡的人表示，这种蔬菜叫“洋辣椒”，用来炒苦瓜吃。

我们今天作为蔬菜吃的秋葵属于锦葵科秋葵属，与棉花同科。常见的品种是黄秋葵，原产自非洲，西非优鲁巴族人将它当作一种有

宗教意义的食物。人们普遍吃的是它尖筒状的未全熟嫩蒴果。成熟的秋葵果实可以长得很大，但纤维太多、肉质太老。目前普遍认为，中国是20世纪初由印度引入此种蔬菜的。中国的台湾地区大约在1901年引进秋葵，当时这种蔬菜并不受欢迎，直到20世纪70年代以后又重新从日本、墨西哥、土耳其等国家引进，成为餐桌上的常见蔬菜。

中国古代也有名为"秋葵"的植物，《秋葵图》是南宋院体画的代表作之一。宋代陈师道有首《秋葵》诗："炎艳秋来故改妆，薄罗闲淡试鹅黄。倾城别有檀心在，依倚西风送残阳。"明代李时珍《本草纲目》记载有"黄葵"，清代汪灏《广群芳谱》里记载有"秋葵"。不过，中国古书上的"秋葵"，与现在食用的、原产非洲的"秋葵"，并非同一种。

秋葵从非洲的埃及传向全世界，在非洲、美洲以及东南亚很受欢迎。在巴西的巴伊亚省，非洲裔的居民多，那里吃一道叫"卡鲁路"的秋葵炖

菜，用来祭祀掌管生殖与繁育的一对神灵。印度人做咖喱时会放入秋葵，秋葵咖喱鸡、秋葵咖喱土豆什么的，都有黏糊糊的口感。日本人似乎特别喜欢黏黏的食物，喜欢山药泥盖麦饭，自然也喜欢纳豆拌秋葵，觉得黏丝或黏液中蕴藏着力量。在日剧里，秋葵出现的次数不算少。《孤独的美食家》里，松重丰吃过油豆腐皮包秋葵与帆立贝的“信玄袋”，这真是让人眼前一亮的精致食物，好吃得他不断笑。

美国的著名美食家罗布·沃尔什写过一篇深情的文章，描述他对秋葵的热爱。文章介绍说非洲土语把秋葵称作“gumbo”，有“所有的东西混在一起”的意思。秋葵在加拿大南部被称作“女人手指（ladyfinger）”，在意大利南部被称作“希腊胡椒”。19世纪英国作家萨科莱在新奥尔良吃到了秋葵浓汤，认为比马赛鱼汤还要好吃。

美国南方、加勒比海地区以及巴西巴伊亚省都普遍吃秋葵。秋葵浓汤很受欢迎，加入了番茄和大量的油以及丰盛的海鲜等，这是路易斯安那州的著名炖菜，吃起来黏黏稠稠的。罗布·沃尔什还介绍了得克萨斯州一种烹饪秋葵的方法：油锅加热后煸炒洋葱片，投入整个的秋葵炒约两分钟，加入番茄酱，煮沸后改小火，盖上锅盖炖至秋葵变软。沃尔什指出，做这道秋葵菜的关键是“勿将秋葵荚切片，勿用沸水烫秋葵”，这听起来一点都不难。

切成片的秋葵，看上去像悦目的星星，但也流出了更多的汁液。很多人不习惯这股黏黏滑滑的口感，甚至有人问怎样才能把秋葵的黏液洗干净。但这种黏液一直被认为是此种蔬菜的精华所在。有文章称这种黏液富含维生素与可溶性纤维，可以舒缓消化道、治疗胃溃疡、消除疲劳……它的神奇功效这几年被夸张地口口相传，甚至被誉为“绿色人参”，据说从秋葵豆荚萃取的一种胶质还可以增加血浆。

秋葵的黏滑口感，令人想起一种古老的蔬菜：葵。中国古诗写道：“舂谷持作饭，采葵持作羹。羹饭一时熟，不知贻阿谁。”葵羹是中国历史非常悠久的食物，充满黏液。唐代以后，随着新品种蔬菜的引进，吃葵的人越来越少，明代以后吃的人更少了。但葵的味道，没有从现代人记忆中消散。比如汪曾祺写到的冬苋菜、木耳菜，都是葵。上海有阵子流行吃紫角叶，那也是一种葵，吃到嘴里同样是滑溜溜的。许多上海人现在吃到秋葵，总觉得有种似曾相识的滑腻味道。其实这就是葵的滋味啊，是少数今天仍可品到的古老朴拙风味。

茴　香

Foeniculum vulgare Mill.

[别名] 怀香、香丝菜、小茴香、小茴、谷香、浑香、茴香草
[拉丁名] Foeniculum vulgare Mill.
[科属] 伞形科茴香属
[原产地] 地中海沿岸
[传入时间] 汉代

中国有大茴香、小茴香之别，大茴香其实是八角，而小茴香才是伞形科茴香属的植物。与许多香料一样，小茴香是从阿拉伯传入中国的。

李时珍《本草纲目》里记载：“思邈曰：煮臭肉，下少许，即无臭气，臭酱入末亦香，故曰茴香。”茴香能除去肉中腥臊气味，令肉增添香味，故而得名。孙思邈是唐代医药学家，著有《千金方》《千金要方》等，可见唐代当时已有“茴香”一名。《本草纲目》称：“小茴香性平，理气开胃，夏月祛蝇辟臭，食料宜之。大茴香性热，多食伤目发疮，食料不宜过用。”可见从药用食疗角度来看，李时珍更推崇小茴香。人们拿来当蔬菜吃的是绿茸茸的小茴香，而且这是一款很受欢迎的蔬菜。

伞形科茴香属的茴香，果实可以作为香

料，嫩茎叶可以当蔬菜吃。中国北方拿来包茴香馅饺子的，就是这种茴香，又叫香丝菜、茴香草，还可以当作包子馅。作家李碧华曾这样写在北京吃到的鸡蛋茴香饺子：“它是草本，粉绿色，香味迷幻。那回在北京我们点了鸡蛋茴香饺子，应是‘花素’一项。没想到可以这样结合。如果配猪肉，肉的气息会盖过它。遇鸡蛋之清鲜，茴香格外佻挞，里头有醚、酮、醛、酸。难怪令人有点醉。”无数人在吃到茴香馅之前心生狐疑，又在入口之后发出由衷赞美。

除了剁碎作馅料外，茴香还可以加鸡蛋、肉末等调成面糊，做成茴香饼；将茴香的嫩叶摘下洗净，加入调味料做成凉拌菜；应季的蚕豆去皮后与新鲜茴香同炒，也是一道时令佳蔬。中国民间还用这种茴香煮粥，香而

味辛，能够开胃助食，可以补肾。

茴香有特殊的浓郁香气，主要来自于茴香油所含有的小茴香酮、茴香醛等。这使它成为风靡欧亚的重要香料植物，欧洲人常用来烹饪鱼类，中国人则常拿它同肉类一起烹煮，可以去油解腻化积食。中国的五香粉，原料之一就是茴香。在希腊，人们将大量绿色的茴香厚厚地铺在锅底，再往上铺土豆、洋蓟、山羊肉块等烤三个小时，是当地很别致的美味。

茴香酒则是地中海地区人们普遍饮用的利口酒，兑少量水稀释后直接饮用。海明威在许多小说里都写到了茴香酒，例如《白象似的群山》里，在西班牙境内行驶的快车上，男人和姑娘借由窗外白象似的群山和手中的茴香酒借题发挥说着话。

除了食用，茴香还是一种插花材料。它在夏季开出黄色的花，花朵为复伞形花序，很适合用来填空，增加花束的层次感。它的花语就是“才色兼备”。

豇豆

Vigna unguiculata (Linn.)Walp

[别名] 角豆、姜豆、江豆、豆角、长豆角、带豆、饭豆、腰豆、裙带豆、架豆

[拉丁名] Vigna unguiculata (Linn.)Walp

[科属] 豆科豇豆属

[原产地] 非洲埃塞俄比亚，亚洲印度、缅甸

[传入时间] 汉代

豇豆可算是世界上最古老的蔬菜之一，属豆科豇豆属。这种蔬菜的起源地有不同说法，有人认为豇豆原产于非洲，通过埃及等国传入亚洲及地中海区域；也有人认为它原产于亚洲的印度和缅甸。苏联植物育种学家谢尔盖·瓦维洛夫认为，非洲东北部和印度为豇豆的第一起源中心，中国为次生起源中心。目前，多数人认为非洲埃塞俄比亚为豇豆的起源中心，距今约三四千年前传入亚洲，并演化出矮豇豆和长豇豆等亚种。中国大约是在汉代时期，从印度、缅甸等地传入豇豆的。

明代李时珍《本草纲目》解释"豇豆"得名来由，称"此豆红色居多，荚必双生"，故而得名。这种豆的名称，原先写作豆字旁加"夅"字。绛色就是紫红色，"豇"乃是后

来特别为这种蔬菜造的字。在北魏贾思勰《齐民要术》一书中记载有“江豆”，后人注解时称此“江豆”即“豇豆”，因为古代无“豇”字，后来有人从“江”声，改三点水为豆字旁，造出了“豇”字。在清代康熙年间，还出了一种名为“豇豆红”的铜红高温釉。因其基本色调如成熟豇豆的红色，故名“豇豆红”。

豇豆的蛋白质含量较高，被称为“素中肉品”。《本草纲目》记载豇豆“嫩时充菜，老则收子，此豆可菜、可果、可谷，乃豆中之上品”。明代《救荒本草》中记载“豇豆苗”：“今处处有之，人家田园中多种，就地拖秧而生，亦延篱落，叶似赤小豆叶而极长，开淡粉紫花，结角长五七寸，其豆味甘。救饥采嫩叶煠熟，水浸淘净，油盐调食，及采嫩角煠食亦可，其豆成熟时打取豆食。”可见，豇豆的嫩叶、豆角、成熟后的豆子，都可以取食。

清代吴伟业有首诗咏豇豆：“绿畦过骤雨，细束小虹蜺。锦带千条结，银刀一寸齐。贫家随饭熟，饷客借糕题。五色南山豆，几成桃李蹊。”其中提到了豇豆饭与豇豆糕。成熟的豇豆可用于豆面、豆沙，做糕点馅料。豇豆是腊八粥的食材之一，东北人爱吃的黏豆包，也有用豇豆做馅料的。

豇豆可以制成豇豆干。《红楼梦》里刘姥姥第一次进贾府“打秋风”，回去时平儿对她说：“到年下，你只把你们晒的那个灰条菜干子和豇豆、扁豆、茄子、葫芦条儿各样干菜带些来，我们这里上上下下都爱吃。”贫苦人家向往的是大鱼大肉，而富贵人家吃腻了荤腥，就喜欢这种朴素清口的小菜。

在南方，豇豆还被制作成酸豆角、泡豇豆等，可以直接拿来当可口的腌制小菜，也可以拿来配炒菜、炒饭，或者作为面条或米线的浇头。

菊苣

Cichorium intybus L.

[别名] 苦苣、玉兰菜、苦菜、卡斯尼、皱叶苦苣、明目菜、咖啡萝卜、咖啡草

[拉丁名] Cichorium intybus L.

[科属] 菊科菊苣属

[原产地] 欧洲南部

[传入时间] 20世纪

在西餐中，我们经常可以吃到菊苣，可以拌蔬菜沙拉，也可以焗、烤、汤。2008年北京办奥运会时，我国曾经从荷兰引进一批外来蔬菜，菊苣就是其中之一。不过，虽然20世纪80年代中国已有意识进口菊苣，但大多数中国人并不太熟悉菊苣，常常将之错认成娃娃菜或白菜心。其实，菊苣是地道的菊科植物，属于菊科菊苣属，发源于欧洲。早在14世纪，欧洲人就拿菊苣当蔬菜吃了。

菊苣分两种。一种是皱叶菊苣，苦味重；一种是宽叶菊苣，里层的叶子泛白带黄边。除了当作蔬菜外，菊苣还可以作为饲料，还可以制糖。

比利时人视菊苣为“国菜”，这得追溯到19世纪比利时爆发独立革命时期，当时比利时正脱离荷兰统治走向独立。园艺师在布鲁塞

尔的地下室里用菊苣根首次培育出了比利时菊苣，白色的嫩芽顶部呈淡黄色，吃起来清脆可口、微苦带甘。1834年，这种新型蔬菜初次进入市场。1873年，比利时菊苣在根特园艺博览会上扬名世界。第二次世界大战以后，法国与荷兰等欧洲国家大量栽培比利时菊苣，目前法国产量最多。在荷兰，人们将菊苣称作“白色的叶子”，一年一度的菊苣节上还评选美丽的“菊苣小姐”。

菊苣滋味略苦，所以又名苦苣、苦菜，但它富含多种微量元素，清热祛火，算是一种高营养的健康型蔬菜。在中国，菊苣有个好听的别名叫玉兰菜，大概是因为这种蔬菜颜色白中带黄，气味清新素雅，形似含苞欲放的玉兰花。

菊苣叶与软化栽培的菊苣芽球，都可以当菜生吃。菊苣虾仁色拉、酿菊苣、奶酪火腿菊苣卷……菊苣在西方餐桌上花样繁多。

菊苣还有特殊的别名叫“咖啡萝卜”“咖啡草”，原来人们以前拿菊苣根来替代咖啡豆。这听起来真是匪夷所思，菊苣的根在被烘焙研磨成粉末后，可以产生类似咖啡的香味。这是因为菊苣根含有菊糖及芳香族物质。此种“代咖啡”一度相当流行，更是惠及广大咖啡因不耐受人士。英美等国都将菊苣根当作廉价咖啡代用品。美国动画《辛普森一家》中，大楼管理员举杯喝的就是菊苣咖啡。

卷心菜

Brassica oleracea L. var. capitata L.

我就像颗卷心菜。
叶子我给了别人，
但心绝对属于你。
——20世纪中期美国学生纪念册留言

◇◇◇◇◇◇◇◇◇◇◇◇◇◇◇◇

[别名] 洋白菜、圆白菜、高丽菜、包菜、包包菜、包心菜、莲花白、椰菜、疙瘩白

[拉丁名] Brassica oleracea L. var. capitata L.

[科属] 十字花科芸薹属

[原产地] 地中海沿岸

[传入时间] 公元16至17世纪

◇◇◇◇◇◇◇◇◇◇◇◇◇◇◇◇

卷心菜的学名叫“结球甘蓝”，是十字花科芸薹属甘蓝种的变种，原产于地中海沿岸。野生甘蓝不结球，后来在13世纪被人类驯化出了结球甘蓝，大约在明清之后传到中国。卷心菜耐寒、耐贫瘠，适应性非常广，广泛分布于我国南北各地，是很理想的大众蔬菜。

早在唐代，中国已有阔叶甘蓝。《本草拾遗》里“甘蓝”条称“此是西土蓝也。叶阔可食”，“河东、陇西羌胡多种食之，汉地少有。其叶长大而浓，煮食甘美。经冬不死，春亦有

英”。当时中国人吃的还是原生态的甘蓝，主要是煮来吃叶子的，而不是结球甘蓝（卷心菜）。有专家指出，卷心菜最早传入我国是在16世纪，从西向东传播。嘉靖四十二年（1563年），云南《大理府志》中记载有“莲花菜”。

卷心菜在中国各地的别名非常多，如洋白菜、圆白菜、包菜、包包菜、包心菜、莲花白、椰菜、疙瘩白等等。在我国台湾地区，卷心菜被称作“高丽菜”，因为它的拉丁文为“caulis”或“colis”，读音近似“高丽”。台湾农产品进军大陆市场，打头阵的是2000箱高丽菜，当地人称“台湾高丽菜口感脆甜清爽”，“是台湾老百姓餐桌上的常见菜”。在上海，卷心菜是著名的罗宋汤的主要原料，仿的是俄罗斯风味。

在世界卫生组织推荐的最佳食物中，卷心菜排名第三。它在世界许

多国家都是非常重要的蔬菜。例如日本，卷心菜被细细切成丝，搭配牛肉汉堡、炸猪排，水灵灵的浇上醋汁生吃。在炸猪排边上添上一大堆卷心菜丝，始于东京银座的西餐馆“炼瓦亭”，如今已经成了固定搭配。卷心菜还可以切成片下油锅炒、入汤锅炖。有一阵子，日本科学家认为卷心菜能防衰老、抗氧化，人们坚信卷心菜减肥法，许多年轻姑娘拼了命地当饭吃。

在欧洲，卷心菜的地位很高，文化寓意深厚。古代欧洲人认为有层层叠叠叶子的卷心菜是繁殖力强的象征。据称中世纪时，新婚夫妇要喝卷心菜汤以求早生、多生孩子。在法语里，卷心菜（chou）这个词是对小宝贝、小可爱以及自己喜欢的人的昵称。他们会说，“男孩子是从卷心菜里长出来的，女孩子是从玫瑰花里长出来的”，或者“你是我心爱的小卷心菜”。

苦瓜

Momordica charantia Linn

[别名] 凉瓜、锦荔枝、癞葡萄、癞瓜

[拉丁名] Momordica charantia Linn

[科属] 葫芦科苦瓜属

[原产地] 印度、缅甸一带

[传入时间] 明初

台湾诗人余光中有首著名的诗歌《白玉苦瓜》："似醒似睡，缓缓的柔光里/似悠悠醒自千年的大寐/一只瓜从从容容在成熟/一只苦瓜，不再是涩苦/日磨月磋琢出深孕的清莹……"诗人吟咏的是藏于台北故宫博物院的珍贵文物——白玉雕的苦瓜。

苦瓜属于葫芦科苦瓜属，我们食用的是瓠果部分。这种蔬菜起源于印度、缅甸一带，有学者认为苦瓜大约在明初传入我国。明代费信曾随郑和下西洋，所著《星槎胜览·苏门答剌国》中记载有苦瓜，"其有一等瓜，皮若荔枝，如瓜大"。明末清初的画家石涛，原本是明代皇室贵胄，幼年遭家变后出家为僧。石涛自号"苦瓜和尚"，据传餐餐不离苦瓜，还将苦瓜供奉于案头，颇与他的心境相符。

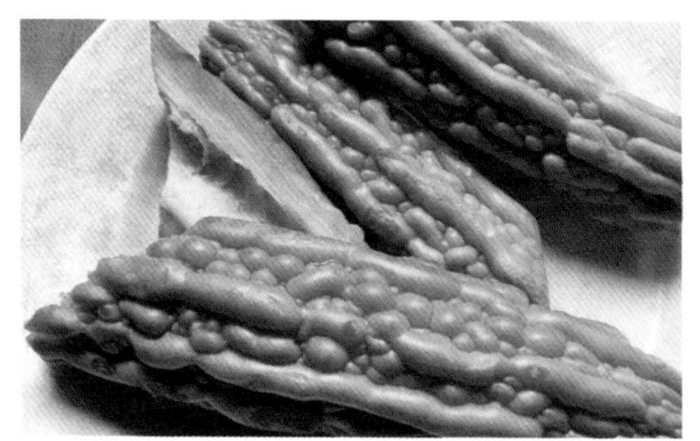

白玉雕琢而成的苦瓜

明代虽然已经传入苦瓜，但在饮食文字中很少见记载。清代吴敬梓《儒林外史》第四回写范进等拜会广东汤知县，“席上燕窝、鸡、鸭，此外就是广东出的柔鱼、苦瓜，也做两碗”。这段文字被视作清代苦瓜上宴席的例证，而且还是广东人的餐桌。

苦瓜得名自它天生带有苦味。李时珍《本草纲目》记载：“苦以味名。瓜及荔枝、葡萄，皆以实及茎、叶相似得名。”周定王曰：“锦荔枝即癞葡萄，蔓延草木。茎长七八尺，茎有毛涩。叶似野葡萄，而花又开黄花。实大如鸡子，有皱纹，似荔枝。”苦瓜另有别称锦荔枝，这是因为苦瓜的外表皮上有许多疙瘩状的凸起，像荔枝。清代叶申芗有《减字木兰花·锦荔枝》词：“黄蕤翠叶，篱畔风来香引蝶，结实离离，小字新偷锦荔枝。”词中描述的就是苦瓜。

苦瓜还有个别名叫癞葡萄，它的叶子与葡萄相似，“癞”的意思正是“表皮凹凸不平或有斑点的”。值得一提的是，江南一带名唤“癞葡萄”的瓠果，成熟后皮是橙色的，瓤鲜红而味甜。这种可当水果吃的癞葡萄也是葫芦科苦瓜属的，与苦瓜同科同属，本质上没有差异。在广东等地，人们还

把苦瓜叫作“凉瓜”，取其去火清凉之意。

苦瓜用水焯一下，苦味就会减少许多。而且，苦瓜与鸡蛋、猪肉等其他配料一起烹饪，并不会把苦味带给其他菜。清代屈大均著《广东新语》夸赞苦瓜道：“杂他物煮之，他物弗苦，自苦而不以苦人，有君子之德焉……其性属火，以寒为体，以热为用，其皮其籽皆益人，又有君子之功。”所以苦瓜“有君子之德”，又被称作“君子菜”。

《吕氏春秋·本味论》提出“春多酸，夏多苦，秋多辛，冬多咸”，中国人向来讲究夏季的时候吃一点苦的东西。苦瓜可以除邪热、解劳乏，具有清心明目的功效，很适合在夏季食用。

南方人比北方人更多食用苦瓜，《本草纲目》中也记述“南人以青皮煮肉及盐酱充蔬，苦涩有青气”。一直到民国的时候，苦瓜都是南方热带地区常见蔬菜，往北就不多见了。

生于北京的京剧名伶梅兰芳为了保护嗓子，爱吃苦瓜。作家包天笑在《剑影楼回忆录》中回忆与梅兰芳一起吃小馆子。梅兰芳怕破坏嗓子，辣的不吃、酸的不吃，但在广成居吃饭时，有一物别人不喜欢吃他却喜欢吃，就是苦瓜：“兰芳请我试尝之，入口虽觉得苦，而收口津津回甘，方知此是正味。”苦瓜在上海很稀见，就连广东人聚居的虹口，最大的三角地菜场里也不卖苦瓜。后来包天笑到香港后，“始知苦瓜乃是家常菜蔬呢”。

作家老舍也爱吃苦瓜。出版家赵家璧谈到抗战时期在重庆的老舍，对他吃苦瓜印象深刻：“他到敝寓串门儿，自己买了苦瓜带来，托为炒菜佐餐。问是否须放水中漂一漂，漂去它一点苦味，先生乃大惊诧：‘就是要吃那苦味儿！’我试吃了一筷子，其苦赛过奎宁，不禁连刮舌头。”赵家璧是上海人，不爱吃苦瓜是可以理解的。但老舍是在北京长大的旗人，爱吃苦瓜就让人有些意外了。

苦瓜从中国传到日本冲绳，就成了当地名物。冲绳以苦瓜料理出名，最常见的是鸡蛋炒苦瓜配冰凉的啤酒。此外，鲜榨苦瓜汁、苦瓜冰淇淋、苦瓜汉堡、苦瓜通心粉、苦瓜沙拉、苦瓜蛋糕也是当地的特产。每年的5月8日，是冲绳的苦瓜纪念日，这是因为“苦瓜”在日语里的发音像“5”和“8”。日本邮政局还曾为冲绳苦瓜纪念日发行过特别邮票。冲绳是世界有名的长寿之乡，不知是否与爱吃苦瓜有关。

辣椒

Capsicum annuum L.

[别名] 番椒、海椒、辣子、辣火、地胡椒、辣角、秦椒

[拉丁名] Capsicum annuum L.

[科属] 茄科辣椒属

[原产地] 中部美洲

[传入时间] 公元16世纪中后期

辣椒属于茄科辣椒属，原产于中拉丁美洲热带地区，哥伦布航行时将它带回欧洲。16世纪中后期，欧洲人将辣椒传入亚洲。1542年，葡萄牙人将辣椒带入日本长崎。16世纪末丰臣秀吉入侵朝鲜，辣椒由加藤清正等武将带到了朝鲜半岛。1614年朝鲜人李睟光在《芝峰类说》中写道："南蛮椒有大毒，因传自日本而称倭芥子。"而辣椒传入中国应该是明代。

中国人吃辣的历史，远远长于吃辣椒的历史。在中国，"辣"字很早就出现了，古文写作"辡"，从辛从朿。东汉服虔撰《通俗文》中写道："辛甚曰辣。"三国时魏人李登著《声类》称："江南曰辣，中国曰辛。"但当时产生辛辣口味的不是辣椒，而是姜、芥、花椒、胡椒、茱萸、葱、蒜、韭等。

中国最早关于辣椒的记载，出自明代高濂撰《遵生八笺》："番椒，丛生白花，子俨秃笔头，味辣色红，甚可观。"《遵生八笺》刊于1591年，也就是说，辣椒大约是明代中后期进入中国的。崇祯年间成书的《食物本草》、徐光启的《农政全书》都记载了"番椒"，"番"字点明它是外来的，这也是辣椒在中国最早的"学名"。有文章指出，"辣椒"一名最早出现在《广西通志》，"每食烂饭，辣椒代盐"。值得注意的是，辣椒在中国的别名非常多，这也导致了一些"同名异物"的现象，例如有种细辣椒又称"秦椒"，而"秦椒"在中国古代指的其实是芸香科的花椒。

辣椒传入中国的途径说法不一。有人说一条是通过丝绸之路，从西亚进入新疆、甘肃、陕西等地；另外一条走的是海路，经过马六甲海峡，传入云南、广西、湖南等地。国外有学者认为辣椒是16世纪中期由西班牙人从印度传入我国西藏并传播的。还有人认为辣椒最早在中国的登陆地应该是在浙江一带沿海地区，理由之一是康熙十年的《山阴县志》中有记载。

辣椒被引入中国后，起初是用来观赏果实的，到了清代已几乎遍布全国各地区。清康熙年间的《思州府志》记载："海椒，俗名辣火，土苗用以代盐。"乾隆十二年（公元1747年）《台湾府志》记载："番姜，木本，种自荷兰，开花白瓣，绿实尖长，熟时朱红夺目，中有子，辛辣，番人带壳啖之，内地名番椒。"可见那个时候辣椒已经传入台湾。

明末清初正是中国人口急速增长，人民饮食结构发生翻天覆地变化的时期。辣椒很快被民众普遍食用。《清稗类钞》记载"滇、黔、湘、蜀人嗜辛辣品"，"无椒芥不下箸也，汤则多有之"。辣椒传入四川的时间比较晚，但却反响热烈，徐心余著《蜀游闻见录》写道："惟川人食椒，须择其极辣者，且每饭每菜，非辣不可。"辣椒味道浓烈，有些地域的人嗜辣，也有些地域的人不好辣，辣椒在很大程度上促成了中国菜系的划分。俗话说："四川人不怕辣，贵州人辣不怕，湖南人怕不辣。"中国的西南和中南内陆地区普遍更嗜辣，近年来嗜辣风潮也随着水煮鱼、毛血旺、麻辣火锅、重庆小面等食物的全国性流行而蔓延。

辣味不属于味觉，而是口腔、鼻腔受到刺激产生的灼烧、刺痛感。吃辣会上瘾，全球各地都有辣椒爱好者，辣椒原产国墨西哥恐怕是最知名的食辣国度，而亚洲小国不丹也是出人意料地"无辣不欢"。不同品种的辣椒，如何鉴别它们的辣度呢？斯科维尔是辣椒的辣度单位，1912年由美国人斯科维尔发明。"斯科维尔标准"成了全球通用的评判辣椒辣度的科学标准。将无辣味的西班牙甜辣椒定为0斯科维尔单位，杰勒派诺辣椒为

3500至4500单位，塔巴斯哥辣椒为3万至5万单位，我国海南朝天椒约有15万单位，墨西哥的哈巴涅拉辣椒达30万斯科维尔单位，印度“魔鬼椒”辣度大约100万斯科维尔单位。辣椒还被广泛制作成辣椒酱，更耐保存、增风味。不同国家与地区的辣椒酱，滋味各有不同，小小的一勺就解了多少思乡之苦。

芦 笋

Asparagus officinalis L.

[别名] 石刁柏、露笋、龙须菜
[拉丁名] Asparagus officinalis L.
[科属] 天门冬科天门冬属
[原产地] 地中海东岸
[传入时间] 清末民初

芦笋不是笋，它的学名叫“石刁柏”，是天门冬科天门冬属植物。我们吃的是其嫩茎部分。新鲜的芦笋富含纤维，柔脆而多汁。

中国人称其为“芦笋”，乃是因为这种蔬菜可供食的初生茎，形似芦苇刚出土的嫩芽与春天的竹笋。因为芦笋突破而出的茎挺直，形如中国古代武器石刁，而枝叶又像松柏，所以被称作“石刁柏”。芦笋另有别名叫“龙须菜”，乃是因为形状得名。梁实秋有篇文章专门写龙须菜，写到小时候吃的都是罐头装的外国货，还写到上海的火腿丝炒龙须菜等。

不难发现，“芦笋”作为植物名很早就出现在古代中国典籍中。唐代诗人张籍的《凉州词》中写道：“边城暮雨雁飞低，芦笋初生渐欲齐。”宋朝诗人苏轼的《和子由记园中草木十一首》中有句:“芦笋初似竹, 稍开叶如蒲。”但这些古诗里的“芦笋”并非我们今日吃到的芦笋,而是禾本科植物芦苇的幼芽,又称作“芦芽、芦尖”。

我们今天食用的这种学名叫“石刁柏”的芦笋,原产于地中海东岸及小亚细亚。18世纪,芦笋传到了日本,起初作为观赏植物,后来渐渐成了高档蔬菜。清末民初之际,芦笋传到了中国,被当作西餐的代表性蔬菜之一。1909年出版的《上海指南》里收录岭南楼番菜馆的西餐价目,其中记录有“芦笋清牛汤”。

唐鲁孙在美食散文里写道,“过去旧式饭庄,对于从外国引进新品种菜蔬如番茄、芦笋、洋芋、生菜,一律排斥不用”。而他追忆20世纪二三十年代北京饭馆“西来顺”,则将芦笋做成了招牌菜:“用高汤把白菜心、茭白、芦笋分别蒸烂,用鲜牛奶一煨,这盘扒三白银丝冰芽,银团胜雪。”

20世纪40年代,女作家张爱玲在小说《沉香屑·第二炉香》里写的“蜜秋儿太太逼着罗杰吃她给他预备的冷牛肝和罐头芦笋汤”,其中“罐头芦笋汤”显然也是西餐料理。

芦笋分白芦笋与绿芦笋。中国菜场里售卖的一般是绿芦笋,欧洲人更爱肥嫩清甜的白芦笋,称其为“可食用的象牙”。但实际上,芦笋照到阳光都会变绿,而埋在土里或躲开阳光就是白色的。另外还有一种不常见的紫芦笋,在欧洲与美国被当作“餐后水果”。

英国作家毛姆有一篇著名的短篇小说《午餐》,描绘了一个装腔作势的贪吃女人。她声称午餐从不吃东西,却啜着白葡萄酒大啖鱼子酱与鲑鱼,还说:“我可不能再吃什么东西了,除非他们有那种大芦笋。到了巴黎,不吃点芦笋,那就太遗憾了。”最后,她如愿以偿地吃到了昂贵的芦笋。“芦

FRESH

笋端上来了，又大汁又多，令人垂涎不止。我一面看着这个邪恶的女人大口大口地将芦笋往肚里塞，一面彬彬有礼地谈论着巴尔干半岛戏剧界的现状。”这篇小说给人的印象深刻，原来春季的芦笋也是奢侈的美食。

在欧洲，芦笋的确算是“蔬菜之王”，售价居高不下，曾经一度是宫廷里王室贵族享用的。法国国王路易十四很爱白芦笋，让园丁在暖棚里种白芦笋以确保一年四季随时都能吃到。德国人把白芦笋称为“皇家餐食”。每年四月到六月的白芦笋季，德国许多地区都会举行庆祝活动。无论在法国还是在德国，搭配芦笋的经典酱料是“荷兰酱 (Hollandaise) ”，这其实是一种法国人发明的蛋黄奶油酸辣酱，可以平衡芦笋的青涩口感。

新鲜的芦笋可以生吃，但熟吃味道更鲜美。欧洲人将芦笋削皮煮熟后淋上融化的黄油或奶酪吃，或者做成芦笋汤。中国人将芦笋切片或段炒来吃，或者做成鲜美的上汤芦笋。

落花生

Arachis hypogaea Linn.

[别名] 花生、长生果、番豆、万寿果

[拉丁名] Arachis hypogaea Linn.

[科属] 豆科落花生属

[原产地] 南美洲

[传入时间] 明代

武侠小说《射雕英雄传》的历史背景是宋朝，小说开首写店小二“摆出一碟蚕豆、一碟咸花生、一碟豆腐干”，这碟“咸花生”显然在宋朝是吃不到的，因为花生是明朝以后才传入的外来物种。

花生是“落花生”的简称。清代黄省称：“又有引蔓开花，花落即生，名之曰落花生。”它的植物雌蕊受精后，子房向地下生长，在土中生长发育形成果实，故名。

花生原产地在南美洲，可能是玻利维亚，也可能是巴西或秘鲁，然后由欧洲人发现后传遍全球。起初，它在非洲得到的重视，远远超过在欧洲的。花生是如何传入中国的？有一种说法是葡萄牙人于15世纪末把花生引种到南洋群岛，再由当地华侨于17世纪初传入沿海的福建两广等地的。起初，花生多种在南方，北方少有人食过。到了清代后期，北方的丘陵地带才开始大面积种植花生。早期传入中国的花生都是小粒的，后来西方人将大粒花生引种入山东并获得了丰收。至今，山东仍是我国的花生高产地。

近年不断有中国学者试图证明，中国也是花生的原产地之一。例如有人发现元代贾铭的《饮食须知》记载："落花生，味甘微苦，性平，形如香芋。近出一种落花生，诡名长生果，味辛苦甘，性冷，形似豆荚，子如莲肉。"也有一些地方声称考古发现了"花生化石"。但这些东西究竟是不是我们今天所吃的花生，仍被质疑。证据之一，是明代李时珍《本草纲目》里并没有收入。到了清代吴其浚《植物名实图考》里，描绘有花生植物的清晰图谱。而且，无论花生是否在中国本已有之，它今天在农业与文化方面的重要地位都始自"舶来"。

花生脂肪含量高，可以熟食，可以榨油，是应对饥饿的高能食物，可以有效治愈营养不良。清代檀萃的《滇海虞衡志》虽然错将花生传入中国的年代记成了"宋元间"，但却记载有当时闽粤之人食用"落花生油"的情况："落花生为南果中第一，以其资于民用者最广。……落花生以榨油为上。故自闽及粤，无不食落花生油。"

香滑细腻的花生酱，在东西方都很受欢迎。尽管起源很早，但现代花生酱的发明则被美国人归功于密歇根州巴特克里市的某研究所。两次世界大战中，花生酱都是军队补给物，美国人甚至在探月时都带上了它，涂满花生酱的三明治则是美国中学生的集体回忆。在中国，除了拿花生酱涂面包片外，花生酱拌面条或当火锅调料也深受欢迎。

中国作家许地山有个笔名"落花生"，他的著名散文《落花生》是现代

康、早生贵子等美好寓意。

咏物名篇，以父亲之口赞美“花生的好处很多，有一样最可贵：它的果实埋在地里”，教育孩子要做一个质朴有用的人。在中国，“花生”具有长寿健康、早生贵子等美好寓意。

绿豆芽

Vigna radiata (Linn.) Wilczek

[别名] 青小豆、菉豆

[拉丁名] Vigna radiata (Linn.) Wilczek

[科属] 豆科豇豆属

[原产地] 印度、缅甸地区

[传入时间] 北宋

豆芽菜很适合人工栽培，成长非常迅速，分为黄豆芽与绿豆芽等不同品种，绿豆芽正是绿豆发芽而成的。绿豆属于豆科豇豆属，目前全球范围的学者普遍认定它起源于印度、缅甸地区，大约在北宋年间传入中国。不过也有一些中国学者认为绿豆起源于中国。中国栽培绿豆的历史非常悠久。绿豆得名自其种子的青绿颜色，原来称作菉豆，“菉”古通“绿”。

由于生长周期较短，绿豆是中国古时救荒作物之一。作为谷类杂粮，绿豆的养生药用也得到相当的重视。《本草纲目》中称赞绿豆为“真济世之良谷也”。绿豆煮食，可消肿下气、清热解毒、消暑止渴。绿豆磨粉，可以做成细腻的绿豆糕。绿豆还很适合做成粉丝，因为它含直链淀粉多，可久煮不烂，口感也细滑。

绿豆发出芽来，是一种很受欢迎的蔬菜。中国人很早就吃绿豆芽了。这是一种相当有效的补给蔬菜。欧洲大航海的时代，船员长期漂荡在茫茫大海上，很容易因缺乏维生素C而得坏血病。而中国郑和下西洋，船队上就带了不少绿豆。绿豆本身维生素C含量不高，但发芽后维生素C含量就高了，做成菜吃，船员得坏血病的几率降低。

早在宋代的时候，中国人已普遍食用绿豆芽。《易牙遗意》记载有绿豆芽做的凉拌菜，“沸汤略焯，姜醋和之，肉燥尤宜”。《东京梦华录》中具体记叙有绿豆芽的培植与贩卖：“又以绿豆、小豆、小麦于磁器内，以水浸之，生芽数寸，以红蓝彩缕束之，谓之‘种生’，皆于街心彩幕帐设出络货

卖。”绿豆芽比黄豆芽更清脆爽口，一般快炒来吃，可以搭配韭菜、青椒丝等，也可以配各种肉丝。《本草纲目》尤其推崇绿豆芽：“诸豆生芽皆腥韧不堪，惟此豆之芽，白美独异。”绿豆芽所含热量低，但纤维含量又很高，所以还是理想的减肥食物。

因为茎是白白的、细细的，绿豆芽也被形象地称作“银丝”“银条”等。历史上有关绿豆芽的烹饪逸闻有不少，传闻里的厨师真可谓挖空心思在展现手艺。清代时有道菜至今仍被人津津乐道，乃是将绿豆芽的茎掏空，塞入鸡肉丝、火腿丝，属于脑洞大开的精细菜，今天的人来看这手艺简直匪夷所思。

1896年，李鸿章成为第一个访问美国的东方大国高官。他想不到自己的名字，会阴差阳错地与绿豆芽联系到一起。美国式中餐里最有名的菜叫“李鸿章杂碎”，主要配料之一就是绿豆芽。炒杂碎本是19世纪美国华裔餐馆的发明，但李鸿章访美引起美国上下轰动，出尽风头，所以“炒杂碎”就傍上名人效应，成了“李鸿章杂碎”。这道菜在美洲是如此出名，以至于加拿大魁北克一带索性把豆芽称作“杂碎”。小小的绿豆芽，成了东方饮食文化的一个象征。

马铃薯

Solanum tuberosum L.

[别名] 土豆、山药蛋、洋山芋、洋芋、洋芋蛋子、洋番薯、地豆、山蛋子、山蔓菁、爪哇薯、薯仔、阳芋

[拉丁名] Solanum tuberosum L.

[科属] 茄科茄属

[原产地] 南美洲

[传入时间] 公元17世纪

马铃薯是茄科茄属草本植物，原产于南美洲安第斯山一带。16世纪，西班牙人将其带回欧洲。我们食用的是它的块茎部分。目前，马铃薯是世界第四大粮食作物，秘鲁与智利都自称是原产国，为此争个不休。秘鲁首都利马有个“国际马铃薯中心”，中心里有7500多种不同的马铃薯基因。

因为这种植物可食用的块茎肥大如马铃，故名“马铃薯”。曾画过《中国马铃薯图谱》的作家汪曾祺称它的别名多：“河北、东北叫土豆，内蒙古、张家口叫山药，山西叫山药蛋，云南、四川叫洋芋，上海叫洋山芋。”其实，马铃薯在中国的别名还有不少，例如地豆、洋番薯、洋芋蛋子等。“土豆”是全国最普遍的叫法，倒是很少有老百姓直呼学名“马铃薯”。

无论别名里带个“洋”字还是带个“土”字，马铃薯的传播都要晚于同样原产自美洲的番薯。这是因为它在栽培过程中很容易退化、腐坏，使得传播链中断。马铃薯是何时传入中国的呢？目前相对普遍的认同是明万历年间。成书于17世纪初的蒋一葵所编《长安客话》卷二“皇都杂记”中记述：“土豆绝似吴中落花生及香芋，亦似芋，而此差松甘。”徐光启成书于1628年的《农政全书》记载：“土芋：一名土豆，一名黄独。蔓生叶如豆，根圆如鸡卵。肉白皮黄，可灰汁煮食，亦可蒸食。”成书于1682年的《畿辅通志》记载：“土芋一名土豆，蒸食之味如番薯。”不过这些书中的“土豆”“土芋”是否就是马铃薯，也有人持不同意见。

马铃薯传入中国的途径一是通过台湾，走海路传入广东、福建，向江

浙传播。台湾的马铃薯是荷兰人引种的，又称“荷兰薯”。另一条线路是从南洋传入两广，向云贵川等地传播。还有一种说法称马铃薯是由晋商从俄国或哈萨克汗国带入中国的。马铃薯很适合那些原本粮食产量低的高寒地区，所以在中国的河北、内蒙古、山西、陕西等地区大力普及，成了广大百姓赖以生存的主食，满足了中国人口迅速增长的需求。

17世纪，原本被推测有特别的药用价值的马铃薯，开始成为欧洲的重要粮食。17世纪中期，英国皇家学院研究可抑制饥饿感的食物，响应号召种植马铃薯。马铃薯是爱尔兰人的主食，并促使爱尔兰人口快速地增长，从1672年的110万增加到1801年的520万，1846年达到了830万。可不幸的是，爱尔兰大饥荒爆发。这场持续了7年的饥荒又称马铃薯饥荒，1845年病菌

导致土豆腐烂失收，造成以马铃薯为唯一主粮的爱尔兰死了差不多一百万人，十分悲惨。灾难过后，土豆重生。至今，马铃薯仍是爱尔兰人的重要主食。而在德语地区，直到18世纪晚期人们才开始接受马铃薯，在接二连三的谷物歉收压力下，马铃薯成了救人性命的恩物，从此代替了“自中世纪以来在广大民众中一直占主导地位的粥食”。

欧洲人拿马铃薯来酿造烧酒。中国南北各地的家常菜里都有炒土豆丝。加了奶油的土豆泥又香又软又滑，松脆的油炸薯条则流行于全球各地。作为人类普遍熟识的一种食物，马铃薯自然有各种文化寓意。它在我国山西等地被称作“山药蛋”，著名的“山药蛋派”是中国现代小说流派之一。这一派指以作家赵树理为代表的山西作家，多取材自山西农村，活跃于20世纪五六十年代，充满了乡土气息。而粤港地区的人则把马铃薯称作“薯仔”，他们形容一个人样子傻，会说他“薯头薯脑”或“薯唛”。

中国人写作时，更习惯把“马铃薯”叫作“土豆”。“土豆烧牛肉”在20世纪60年代的中国隐喻中苏思想论战。1965年，毛泽东写《念奴娇·鸟儿

梵高作品《吃土豆的人》

问答》："不见前年秋月朗，订了三家条约。还有吃的，土豆烧熟了，再加牛肉。不须放屁！试看天地翻覆。"

1845年，恩格斯在一份观察报告中写道："最后，在工资最低的工人中，即在爱尔兰人中，土豆就成了唯一的食物。"1885年的梵高作品《吃土豆的人》，画的是一家人在阴暗的宿舍里围坐吃土豆，脸上没有一丝幸福的笑容。穷得只能吃土豆，向来是贫穷匮乏的象征。

土豆在文艺作品里时常救人命。电影《火星救援》里，马特·达蒙饰演的植物学家被独自遗留在火星，靠因地制宜地种土豆、吃土豆生存了500天。火星上种土豆这事有一定科学依据。据报道，美国国家航空航天局与国际马铃薯中心，在地球上最酷似火星的南美洲阿塔卡马沙漠合作进行"火星土豆"太空种植模拟试验。有关人士称如果试验成功："炸薯条可能会登上火星的菜单。"

2015年1月6日中国农业部副部长在"马铃薯主粮化发展战略研讨会"上提出"马铃薯主粮化战略"。马铃薯的未来，不可小觑。

苜 蓿

Medicago polymorpha L.

[别名] 草头、金花菜、三叶草
[拉丁名] Medicago polymorpha L.
[科属] 豆科苜蓿属
[原产地] 中亚
[传入时间] 西汉

不少非牧区的中国人可能不熟悉“苜蓿”，但说到常吃的草头、金花菜，不少人就知道是什么了。

苜蓿属于豆科苜蓿属，原本产自中亚高原干燥的地区。公元前119年，张骞第二次出使西域，从大宛，也就是今天的乌兹别克斯坦，带回了苜蓿的种籽。“苜蓿”二字得名来自古时大宛语“buk suk”的音译。《史记·大宛列传》记载：“俗嗜酒，马嗜苜蓿。汉使取其实来。于是天子始种苜蓿、蒲陶肥饶地。及天马多，外国使来众，则离宫别观旁尽种蒲陶、苜蓿极望。”苜蓿来到长安后，移植成功用来喂马，逐渐从陕西向整个黄河流域扩散传播。

除了做饲料外，人们也吃苜蓿。《齐民要术》里记载：“春初既中生啖，为羹甚香。”唐代

薛令之有诗《自悼》："朝日上团团，照见先生盘。盘中何所有？苜蓿长栏杆。饭涩匙难绾，羹稀箸易宽。只可谋朝夕，何由保岁寒。"薛令之为福建长溪县人，开元年间通过了科举考试，任东宫侍读官。唐玄宗看到此诗后，就让他回乡了。可见在当时人心目中，苜蓿并非一种美味可口的蔬菜。

明清以后，苜蓿的种植扩展到了江南地区，并成为一种广受喜爱的蔬菜。在本帮菜系里，"酒香草头"是道清新可口的名菜。人们将鲜嫩的苜蓿，也就是草头，摘取嫩茎嫩叶洗净。锅烧热，下油烧沸，投入草头快速翻炒，喷入白酒等调料。出锅的酒香草头，色泽碧绿，菜叶柔软，酒香扑鼻。另有一道传统本帮名菜草头圈子，颜色殷红碧绿，煞是好看。所谓圈子就是切成段的猪直肠，是一种特别肥厚油腻的重口味食材。而草头特别能吸油，所以垫在红烧圈子下面的就是生煸草头。以前,只有新鲜草头上市的时候,人们才能吃到这道菜。草头要细细择过,去掉老叶,才能保证吃到嘴里每一口都鲜嫩有滋味。还有一种草头塌饼颇具乡土风味,主料是草头与糯米粉,用油锅煎至金黄,趁热吃。

《上海县竹枝词》里有一首写道:“金花菜入米粉,草头摊粞”。被称作“草头”吃的苜蓿开紫花,还有一种黄花苜蓿也可以当蔬菜,别名“金花菜”,又叫作“菜苜蓿、南苜蓿”,在江浙一带多有种植入菜。唐代孟诜《食疗本草》里记载有“金花菜”:“利五脏,轻身健人,洗去脾胃间邪热气,通小肠诸恶热毒,煮和酱食,亦可作羹。”这种蔬菜可以炒来吃,也可以腌渍吃。

苜蓿可食用的时间短,我们吃的是嫩芽,一旦长大变老就成了饲草。苜蓿还是饥年的救命草。《元史》记载:“至元七年(公元1270年)……令各社布种苜蓿,以防饥年。”这是元世祖忽必烈“颁农桑之制”以苜蓿来救荒代替粮食。清光绪四年(公元1878年)荒旱,“下户疲氓,困苦更难言状,春间犹采苜蓿、榆叶、榆皮食”。

在盛产苜蓿的阿富汗,当地的羊毛地毯有不少苜蓿叶图案。在英国与爱尔兰,苜蓿又称作“三叶草(shamrock)”。传说中,公元432年,圣帕特里克到爱尔兰传教,他摘下当地随处可见的三叶草,向当地人讲解基督教的“三位一体”论。爱尔兰此后成为基督教国家,将每年3月17日定为“圣帕特里克日”,三叶草成为爱尔兰的象征。苜蓿花的花语是“希望”。每当“圣帕特里克日”时,世界各地的爱尔兰人都会以三叶草装饰,参加各种庆祝活动。如果三叶草生出了罕有的第四片叶子,就成了幸运的四叶三叶草。找到四叶三叶草的几率只有十万分之一。

南 瓜

Cucurbita moschata (Duchesne ex Lam.) Duchesne ex Poir.

[别名] 倭瓜、窝瓜、番瓜、北瓜、麦瓜、金瓜、房瓜、饭瓜
[拉丁名] Cucurbita moschata (Duchesne ex Lam.) Duchesne ex Poir.
[科属] 葫芦科南瓜属
[原产地] 墨西哥及中美洲一带
[传入时间] 明代

南瓜起源自墨西哥及中美洲一带，栽种历史相当悠久。品种繁多的南瓜适应性强，对气候、土壤等条件要求不高，所以很快就在世界各国得到推广普及，当然也包括中国。今天，中国已经成为世界最大的南瓜种植国及消费国。

南瓜有扁圆形、长圆形、葫芦形等等不同形状，富含淀粉，菜粮兼用，是夏秋季节常见蔬菜。清人高士奇所著《北墅抱瓮录》里记载："南瓜愈老愈佳，宜用子瞻煮黄州猪肉之法，少水缓火，蒸令极熟，味甘腻，且极香。"中国人还别出心裁地将南瓜籽收拢来，既可以炒来当零食嗑瓜子，又具有补中益气、解毒杀虫、降糖止渴等疗效。南瓜内含吸附性强的果胶，在清代被认为能解鸦片毒瘾。

为什么要称之为"南瓜"呢？明代《本草纲

目》中记载："南瓜种出南番，转入闽、浙，今燕京诸处亦有之矣。""南瓜"一名，正与其传入路线有关。明代以前，中国古籍中出现过"南瓜"，例如元代贾铭的《饮食须知》中记载有"南瓜"。但专家们普遍认为，此南瓜非彼南瓜，可能是某种瓜类植物，并非现在普遍认知的南瓜。

本山荻舟在《饮食事典》中记载，日本的南瓜大约在天文十年（1532），由葡萄牙船队最先带到丰后的，丰后即现在的日本大分县部分地区。当时，欧洲人的船队还同时将南瓜传到了殖民地菲律宾及南洋地区，并由此进一步扩展到亚洲其他地区。普遍的观点是，南瓜也是大致16世纪中叶通过海路传入中国的。所以，最初南瓜传入的地区是沿海的广东、福

13.40

建、浙江等。与日本相似，南瓜传入中国后也并不是立即就被广大民众接受的，而是经历了一个逐步推广的过程。清代吴其濬《植物名实图考》里写道："南瓜，《本草纲目》始收入菜部，……处处种之，能发百病。"

南瓜在中国各地的名称还有许多。南瓜又称"番瓜""南番瓜"，这点明了它是舶来品。北京以及东北地区的人将南瓜称作倭瓜，"倭"指的是日本，这恐怕是因为误以为南瓜出自日本。明代《滇南本草》中将南瓜称作"麦瓜"，清代同治年间的《湖州府志》称之为"饭瓜"，与它富含淀粉的特性有关。清代《陆川本草》中称之为"金瓜"，这与南瓜富含胡萝卜素，瓜瓤呈金黄色有关。

在中国困难年代里，南瓜可以拿来充当粮食。有首红色歌曲叫《毛委员和我们在一起》，其中唱道："红米饭那个南瓜汤哟咳罗咳，挖野菜那个也当粮罗咳罗咳。""红米饭，南瓜汤"成了一代又一代人忆苦思甜纪念革命岁月的食物记忆。饥馑之年，南瓜是许多中国人家里的主食。

《西游记》中，十殿阎王放唐太宗还阳，唐太宗感激，要以瓜果酬谢。十王喜曰："我处颇有东瓜、西瓜，只少南瓜。"于是，唐太宗让刘全"头顶一对南瓜，袖带黄钱，口噙药物"，给阎王送礼。南瓜成了一份大礼，这当然是小说家的想象，却碰巧与南瓜在西方世界的文化意象有了对应。

在欧美的文艺作品里，南瓜带有神秘的魔幻色彩。例如童话《灰姑娘》中，大南瓜变成了一辆马车，载着她参加舞会。《哈利·波特》里，霍格沃茨魔法学院的学生爱喝南瓜汁。将南瓜镂空做成鬼脸，里头插上蜡烛，就是南瓜灯。南瓜灯是万圣节时的重要道具，英语里写作"Jack-O-Lantern"。相关传说起源于爱尔兰，一个叫杰克（Jack）的醉汉得罪了魔鬼，结果死后既不能升入天堂又下不得地狱，他的亡灵只能靠一根蜡烛游

走在天地间，成了游魂的象征。万圣节时，人们用芜菁、土豆等雕刻出可怕的面孔，里头放上点亮的蜡烛，象征杰克的游魂。这个习俗传到美洲，当地盛产圆滚滚、胖嘟嘟的南瓜，于是南瓜灯由此诞生，并逐渐成为万圣节的醒目标志。

南瓜还是美国感恩节时的重要食物，金黄色的南瓜派、南瓜蛋糕、南瓜汤……都让人在瑟瑟寒意中产生温暖和饱足感。在美国日常用语里，父亲将心爱的小女儿称作“南瓜”，满满的充盈着亲昵与宠爱。

茄子

Solanum melongena L.

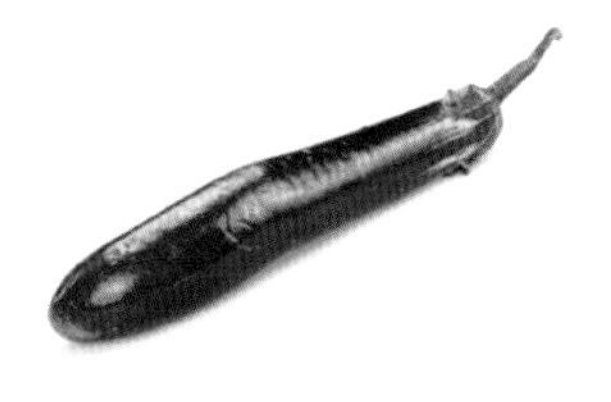

[别名] 落苏、矮瓜、茄瓜、昆仑瓜

[拉丁名] Solanum melongena L.

[科属] 茄科茄属

[原产地] 印度

[传入时间] 公元3—4世纪

茄子属于茄科茄属，我们吃的乃是其幼嫩果实。古印度是茄子最早的驯化地，大约在三至四世纪传入我国。有人称茄即“伽”，乃梵文的音译字，即从印度传来之意。北魏贾思勰的《齐民要术》里有“种茄子法”。中国也可算是茄子的第二发源地。《齐民要术》中有“缹茄子法”：“用子未成者，子成则不好也。以竹刀骨刀四破之，用铁则渝黑。汤煠去腥气。细切葱白，熬油令香……与茄子俱下。缹令熟。下椒、姜末。”缹就是煮的意思，这是茄子在中国入馔的最早记录。

在英语里，茄子通常称作“eggplant”，形状也的确像一个个紫色的鸡蛋。最初传入中国的茄子基本都是鸡蛋形的，后来才出现长条形的。我国常见的茄子外皮有紫、青、白三种颜色。北方有白茄，而南方基本吃的是紫茄。北宋诗人黄庭坚曾作诗对比白茄子与紫茄子：“君家水茄白银色，殊胜坝里紫彭亨。”“紫彭亨”就是紫色的圆茄子，而诗人更喜欢白色的茄子。宋代的《清异录》记载：“落苏本名茄子，隋炀帝缘饰为昆仑紫瓜，人间但名‘昆味’而已。”中国南北的茄子不仅颜色有差异，形状也很不同。北方的茄子偏圆，南方的茄子细长条，水分也比较多。

茄子比较常见的别名有“落苏”。宋人陆游《老学庵笔记》里写道：“《酉阳杂俎》云：‘茄子一名落苏。’今吴人正谓之落苏。或云钱王有子跛足，以声相近，故恶人言茄子，亦未必然。”陆游并不信由于“茄”与“瘸”谐音，所以将“茄子”改称“落苏”的传闻。其实，“落苏”原写作“酪酥”，正形容茄子做熟后质地如酪酥一样绵软细腻。

茄子是中国的家常菜，古代食谱里记载了不少茄子的吃法。成书于宋代的《浦江吴氏中馈录》中记载“糟茄子法”：“五茄六糟盐十七，更加河水甜如蜜。茄子五斤，糟六斤，盐十七两，河水用两三碗，拌糟，其茄味自甜。此藏茄法也，非暴用者。”还有“淡茄干方”：“用大茄洗净，锅内煮过，不要见水。擗开，用石压干。趁日色晴，先把瓦晒热，摊茄子于瓦上，以干为度。藏至正二月内，和物匀，食其味如新茄之味。”

《饮膳正要》里记载有“茄子馒头”，不是拿茄子做馅，而是将嫩茄子去内瓤做包子皮用。把切细的羊肉、羊脂、葱、陈皮等作为馅料酿入茄子内蒸，“下蒜酪、香菜末食之”。这其实应该是一种羊肉酿茄子。

清代袁枚《随园食单》里写到凉拌茄子：“惟蒸烂划开，用麻油、米醋拌，则夏间亦颇可食，或煨干作脯。”这种做法与现代人吃蒸茄子的做法相似，凉拌蒸茄子是夏季很受欢迎的菜。

明代吴承恩的《西游记》里有“旋皮茄子鹌鹑作”，“鹌鹑茄”使用的嫩茄子，是将茄子腌制晒干制成的。茄子的文学味道，还因为清代曹雪芹的《红楼梦》而流传甚广。刘姥姥吃到的茄鲞，乃是茄子去皮切丁用鸡油炸，拿鸡脯子肉配香菌、新笋、蘑菇、五香腐干、各色干果子，鸡汤煨干，再香油一收糟油一拌，要吃的时候拿出来用炒的鸡瓜子一拌。农妇刘姥姥细嚼了半天，说“有点茄子香”。当然，普通人家不会这样烹饪。茄子肉厚味淡，往往加重口味调料做成酱爆茄子、肉末茄子、鱼香茄子，或者蒸熟后加酱麻油与蒜末凉拌。香港有款小吃叫“煎酿三宝”，就是以茄子、青椒、豆腐为主料的，粤港一带还管茄子叫“矮瓜”。

在茄子的发源地印度，茄子种类多达2500种，吃法非常多样。印度东岸奥里萨邦的酸奶茄子淋在米饭上，可以作当地婚宴的美食。在日本，新

茄子初梦瓷器

年的第一个梦叫“初梦”，所谓“一富士、二鹰、三茄子”，梦见茄子代表吉利。京都的贺茂茄子、山形县的民田茄子都是鸡蛋形的，做成腌渍茄子清脆可口。茄子切片也可以做成香喷喷的天妇罗。土耳其菜有茄泥炖羊肉，是先将茄子烤后再切碎做成茄子泥。

把圆圆的茄子切成片，两片之间夹肉末，裹上层面糊入油锅炸，这是“茄盒”。中国的茄盒与希腊的风味迥异。在希腊，最具当地风味的菜肴正是茄盒。不同于中国的茄盒用油炸，希腊的茄盒是烤制而成的。茄子切片，加入西葫芦片、土豆片，以及肉酱，最上层再覆盖厚厚的奶酪，送入烤箱烘烤，吃起来有点像茄子肉酱千层批，有人形容“轻薄如羽毛”。在东西方世界，原本味寡淡的茄子，都被做出了超越其本味的美食。

芹菜

Apium graveolens Linn

[别名] 黄芹、药芹、旱芹

[拉丁名] Apium graveolens Linn

[科属] 伞形科芹属

[原产地] 地中海沿岸

[传入时间] 一说汉代，一说唐代

在中国，水芹、药芹、西芹、欧芹……餐桌上名字带“芹”的菜算算真不少，但你能准确地区分它们么?

中国古代就有芹，“芹”字在中国很早就出现了，《说文解字》里写：“芹，楚葵也。”《诗·小雅·采菽》里有“薄采其芹”，《诗·鲁颂·泮水》中有“菜之美者，云梦之芹”，指的都是中国原生的芹菜，也被称作本芹菜，别名楚葵、水英、水靳等。成语“美芹之献”出自《列子·杨朱》：“昔人有美戎菽、甘枲茎芹萍子者，对乡豪称之。乡豪取而尝之，蜇于口，惨于腹。众哂而怨之，其人大惭。”于是，“芹献”或“献芹”就成了一种自谦，指的是地位低的人向地位高的人提建议。南宋辛弃疾著有《美芹十论》，向皇上陈述抗金救国、收复失地、

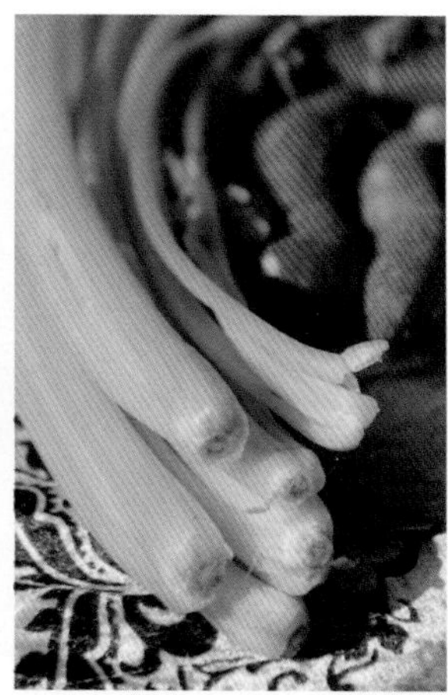

统一中国的大计。“芹”表示微小、微薄。“芹意”指微薄的情意。这里的“芹”，指的是原产自中国的水芹。水芹属于伞形科水芹属，一般只有南方人才吃得到。

现在中国人常吃的芹菜多是旱芹。旱芹属于伞形科芹属，具有浓烈的特殊气味，又称“药芹”。旱芹原产于地中海沿岸，有人称是汉代从高加索地区传入中国的，也有人称旱芹要晚至唐代才传入中国。旱芹传入中国后被逐渐培育成细长叶柄型，大约在宋元之际得到了推广普及。

明代李时珍《本草纲目》里明确地区分了旱芹和水芹：“时珍曰：芹有水芹、旱芹。水芹生江湖陂泽之涯；旱芹生平地。……其茎有节棱而中空，其气芬芳。五月开细白花，如蛇床花。楚人采以济饥，其利不小。”芹菜的特殊气味，有人喜之，有人恶之，通常择去叶子吃脆嫩多汁的茎，既可以炒着吃，又可以凉拌。芹菜炒香干、芹菜炒墨鱼都是很受欢迎的家

常小菜。

芹菜从地中海沿岸传入欧洲北部，欧洲人很早就普遍食用芹菜。大约在17世纪末至18世纪，芹菜在欧洲一些国家被改良，叶柄变得更加肥厚，出现了我们今天称作“西芹”的蔬菜品种。宽叶柄的西芹与旱芹同科同属，引入中国的历史并不长，大约是清末民初时传入的。西方人拿西芹来拌沙拉吃，而中国人喜欢拿来炒。西芹炒百合是一道很受欢迎的素菜，上得了中国各式宴席的餐桌，这道菜色彩悦目，吃起来清脆爽口。还要注意的是，别把西芹与欧芹搞混了。欧芹属于伞形科欧芹属一二年生草本植物，别名法国香菜、洋芫荽，是西方世界常用的调味香草，一般食用嫩叶部分。

芹菜富含纤维，经肠内消化作用之后可以产生一种抗氧化剂。所以人们常说多吃这种蔬菜，可以美白护肤抗衰老。活到106岁的宋美龄据说就很爱吃芹菜，有一阵子几乎每餐都要吃芹菜炒肉丝。

青花菜

Brassica oleracea L.var.italic Planch.

◇◇◇◇◇◇◇◇◇◇◇◇◇◇◇

[别名] 西蓝花、西兰花、绿花菜、意大利花菜、茎椰菜、绿花椰菜

[拉丁名] Brassica oleracea L.var.italic Planch.

[科属] 十字花科芸薹属

[原产地] 地中海沿岸

[传入时间] 清代

◇◇◇◇◇◇◇◇◇◇◇◇◇◇◇

有一个问题先考考大家，到底这种蔬菜是写作“西蓝花”，还是“西兰花”？学名青花菜的这种蔬菜属于甘蓝种下的一个亚种，按理说应该写作“蓝”而不是“兰”。但由于“兰”字写起来比“蓝”字笔画少多了，所以普通民众往往写成“西兰花”，甚至有的词典里也收录有“西兰花”条目。但仔细想想，如果“篮球”不能写作“兰球”、“蓝色”不能写作“兰色”，那么“西蓝花”也没有理由写成“西兰花”。

青花菜原产于地中海沿岸，尤其在意大利一带，在清代光绪年间传入中国。“西蓝花”的“西”字就已经点明它的来源地是西方国家。这种蔬菜在中国得到大力推广，也就是近几十年的事。

同是甘蓝家族中的成员，与洁白如玉的白

花菜相比，青花菜色泽碧绿，口味也略有不同。青花菜的营养价值高，每100克含蛋白质3.5克到4.5克，是番茄的4倍，此外矿物质成分也比其他蔬菜更丰富，叶酸含量特别高。总而言之，青菜花比白菜花营养价值高出很多。

青花菜不宜用刀切，因为整朵的花簇由许多小粒花朵组成，用刀切就会散落得到处都是。我们可以用剪刀在根部连接处剪下一个个花簇，或者直接用手掰成小朵。不少人喜欢将青花菜焯水后再烹饪，但也有人认为这样做会极大地损失营养成分，所以最好采取蒸、炒等方式，而不推荐水煮。

在美国，青花菜也就是西蓝花，很不受小孩子们待见。皮克斯公司制作的电影《头脑特工队》中，小女孩雷丽最讨厌吃的就是这种蔬菜。这恐怕还是与美国人烹饪出来的蔬菜味道不可口有关。这种水煮的西蓝花，的确口感不招人喜欢。

老布什在担任美国总统时就态度鲜明地声称他不喜欢吃西蓝花，禁

止这种蔬菜出现在“空军一号”上。他甚至曾经公开表示：“我很小的时候就不喜欢吃西蓝花，但我妈妈总是要我吃。现在我做了美国总统，再也不吃西蓝花了。”这样任性的大白话引起了西蓝花种植者的抗议和不满，他们将一货车西蓝花运到了白宫。布什始终没有妥协，只委托太太到白宫草坪接收，并把这批蔬菜转赠给当地的露宿者之家。结果，布什夫人只好到白宫草坪区接收，她拿西蓝花的照片成了人们茶余饭后的八卦谈资。这起事件被戏称为“西蓝花门”。

但是为了提倡健康，人们也不得不违心地说自己喜爱吃西蓝花。布什夫人在“西蓝花门”事件时说：“总统当然可以决定怎么做，但美国的小朋友还是多吃西蓝花比较好。”奥巴马任美国总统时，第一夫人米歇尔在白宫为赢得健康食谱大赛的孩子们举行宴会。孩子们问奥巴马最喜爱的食物是什么，奥巴马就回答：“西蓝花。”

双孢蘑菇

Agaricus bisporus

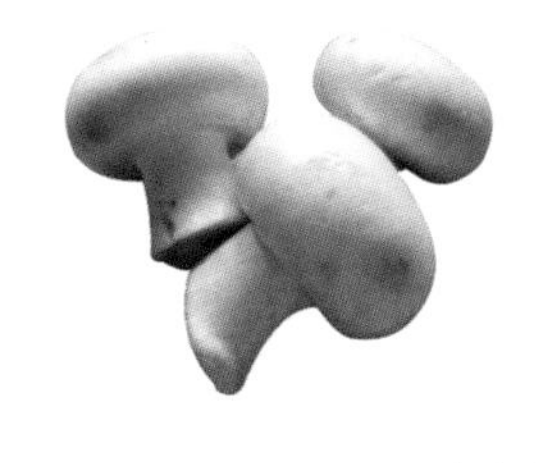

[别名] 白蘑菇、双孢菇、蘑菇、洋蘑菇、圆蘑菇

[拉丁名] Agaricus bisporus

[科属] 伞菌科蘑菇属

[原产地] 法国

[传入时间] 1935年

菌类虽然不是植物，但却是许多人钟爱的蔬菜。菌菇品种何其多，可谓千姿百态。不过，若论一种世界各地栽培最广、食用最多的“世界菇”，当属双孢蘑菇。英语里的“common mushroom（普通蘑菇）”指的就是双孢蘑菇。

双孢蘑菇，顾名思义，就是这种蘑菇每个担子上只产生两个孢子，一般来说一朵蘑菇能产生的孢子可达十几亿。这个名字听起来是不是有些陌生？不要紧，看到它就一定能认出来，就是菜场里常见的那种白色、圆正、光滑的蘑菇。也有人称之为圆蘑菇、白蘑菇、洋蘑菇等，当然更干脆的是直接称之为“蘑菇”。

1707年，路易十四时期的法国人成功培育出了双孢蘑菇，当时这种蘑菇还没有那么白，是浅棕色的。1926年，美国宾夕法尼亚州的农民

首先繁衍出了白色的双孢蘑菇，并迅速受到了市场认可，人人都更爱白色。这种蘑菇如果不小心碰伤了，就会变成楚楚可怜的粉红色，而当它不再新鲜后会慢慢变成黑褐色。

双孢蘑菇是在1935年被引入中国的，上海虹桥地区是我国第一个人工栽培双孢蘑菇的基地，之后推广到周边及全国。20世纪50年代中期，上海创新双孢蘑菇的制种与栽培方法，以猪牛粪代替马粪栽培，实现了重大技术突破。上海还率先成功研制出了罐装蘑菇产品，梅林牌蘑菇罐头打入了国际市场。虽然在我国栽培的时间不算特别长，但如今这种圆圆的白蘑菇差不多已经占领了全国各地的菜场，成了最为大众所知的蘑菇品种。

双孢蘑菇属中温型草腐菌，最适合它的菌丝生长的温度为22~25摄氏度。在过去，一般都是每年8月堆制培养料，9月播种，秋季采收，到12月蘑菇就不再上市了。换句话说，元旦、春节这样的节庆日子里，人们想吃蘑菇也买不到新鲜的了，只能退而求其次吃罐头蘑菇。好在这些年来，上海等地已经认识到传统栽培方法的不足，进行了改良，整个冬季人们都可以吃到源源不断的新鲜蘑菇了。

有的菇类滋味冲鼻，但双孢蘑菇的口感鲜美又适口，很容易让人接受。以它入馔，宜中宜西，可菜可汤，法国菜中有奶油蘑菇汤、蘑菇鸡，中国菜有炒双菇、青菜炒蘑菇、蘑菇蛋汤、酱爆蘑菇，披萨、汉堡包、意大利面上也常见蘑菇身影，烹饪与搭配的方式五花八门，味道都是那么鲜美出众。

丝 瓜

Luffa cylindrica (L.) M.Roem.

[别名] 胜瓜、水瓜、天罗瓜、罗瓜、蛮瓜、布瓜、绵瓜、天吊瓜、纯阳瓜

[拉丁名] Luffa cylindrica (L.) M.Roem.

[科属] 葫芦科丝瓜属

[原产地] 印度等亚洲热带地区

[传入时间] 唐末

丝瓜属葫芦科丝瓜属，原产于印度等亚洲热带地区，喜温耐热。丝瓜开黄花，花开过后结出一个个垂挂下来的碧绿色嫩丝瓜，这是许多中国人记忆中美好的夏季印象。学者季羡林有一篇称颂丝瓜生命力的文章入选中学课本，基于他的日常观察："它能让无法承担重量的瓜停止生长，它能给处在有利地形的大瓜找到承担重量的地方，它能让悬垂的瓜平身躺下。……我无法同丝瓜对话，这是一个沉默的奇迹。"

我们吃的丝瓜是一种瓠果，富含水分，吃法多样：丝瓜炒蛋、丝瓜炒毛豆、丝瓜扁尖汤……肉质鲜滑、软嫩，清香四溢。丝瓜老熟枯干后，皮内有强韧的维管束，"筋丝罗织"，这是它名称的来由。广东人将丝瓜称作"胜

齐白石画丝瓜

瓜”，这是因为在粤语方言里，“丝”与“输”音近。为了避讳，所以当地人故意取“输”的反面“胜”，称此瓜为“胜瓜”，讨个吉利的好彩头。广东地区还有一种八棱瓜，也是丝瓜的一种，以瓜身上有八条直棱而得名。

《本草纲目》说：“丝瓜，唐宋以前无闻，今南北皆有之，以为常蔬。……其瓜大寸许，长一二尺，甚则三四尺，深绿色，有皱点，瓜头如鳖首。嫩时去皮，可烹可曝，点茶充蔬。老则大如杵，筋络缠纽如织成，经霜乃枯，惟可藉靴履，涤釜器，故村人呼为洗锅罗瓜。”丝瓜还被称作“蛮

丝瓜筋

瓜”:“始自南方来,故曰蛮瓜。”

丝瓜从南方而来,这已达成普遍共识。但丝瓜到底是何时传入的呢?唐末宋初,丝瓜应该已经传入中国了。宋朝吟咏丝瓜的诗歌留下不少。杜北山《咏丝瓜》道:“寂寥篱户入泉声,不见山容亦自清。数日雨晴秋草长,丝瓜沿上瓦墙生。”赵梅隐《咏丝瓜》道:“黄花褪来绿身长,百结绿色困晓霜。虚瘦得来成一捻,刚偎人面染指香。”古人也很早就懂得用丝瓜筋络来刷洗东西,陆游就记载有“丝瓜涤砚磨洗,余渍皆尽而不损砚”。

丝瓜的筋络是一味药材,又被称作天萝筋、丝瓜网、丝瓜壳、絮瓜瓤、天罗线、丝瓜筋、千层楼、丝瓜布等。中医认为丝瓜性凉、味甘,可以清热解毒。事实上,在中国人眼中,丝瓜的药用价值很高,各个部分都可入药,可利咽喉、解疲乏、祛痰止咳,妇女月经不调、产后乳汁不通者,都建议多吃丝瓜。

甜菜

Beta vulgaris L.

[别名] 菾菜、糖萝卜、红菜头、火焰菜、莙荙菜
[拉丁名] Beta vulgaris L.
[科属] 藜科甜菜属
[原产地] 欧洲西部和南部沿海
[传入时间] 明代

甜菜是种挺特别的菜，叶子绿，根部红得发紫，吃起来有股淡淡的甜味。甜菜原产于欧洲西部和南部沿海。公元8到12世纪，甜菜已经在古代波斯和阿拉伯地区广泛栽种。甜菜从阿拉伯国家传入中国，又称作“菾菜”。明代李时珍《本草纲目》中记载：“菾菜，即莙荙也。菾与甜通，因其味也。”甜菜分根用、叶用、饲用等不同品种。莙荙菜是种叶用甜菜，在《嘉祐本草》中有记载。

光看外形，甜菜与萝卜很像，都是肉质块根。而甜菜的肥大块根里，含有20%左右的糖，所以也被一些人称作糖萝卜。甜菜耐寒耐盐碱，在高温湿润的地区，块根中的糖分会减少。

众所周知，甜菜是甘蔗以外的重要糖源。18世纪，甜菜的栽培与制糖技术得到发展。

1747年，德国的马格拉夫发现甜菜根中含有糖的结晶体，他的学生阿哈德1786年在柏林近郊培育出第一个糖用甜菜品种，此举打破了英国人的糖垄断。俄国与德国相继建立起了甜菜制糖工厂。甜菜的叶子与产糖后的废渣可以当饲料，很受欧洲人欢迎。

相比甘蔗适宜热带环境生长，甜菜更适合寒温带地区。中国引进糖用甜菜始于1906年。清末曾经在东北大面积引种甜菜制糖，1908年建立第一座机制甜菜糖厂。

甜菜根红如火焰，又被称为火焰菜。甜菜的一个变种红梗叶甜菜，又被称作红菜头。在俄罗斯等东欧国家普遍流行的红菜汤，就是用新鲜的红菜头、牛肉等材料制作的。红菜汤的发源地在乌克兰，可算是这个国家的“国菜”。1683年，这种甜菜根从波兰引入乌克兰。乌克兰人每天都喝红菜汤，甚至创造了“红菜汤指数”，以做一锅红菜汤所需花费的钱来衡量货币购买

力。他们称“红菜汤是第二个母亲”，还为红菜汤发行了纪念邮票。东欧流行的红菜汤随着20世纪初流亡的俄罗斯人传入中国，在上海有了个新名字叫“罗宋汤”，罗宋就是“Russian（俄罗斯人）”的音译。不过，上海没有红菜头，而是以番茄替代，因此形成了海派西餐风味的罗宋汤。

除了做汤外，红色的甜菜根也可煮食、煎炒或者凉拌生吃。在美国，沙拉里经常可以见到甜菜的身影。英国人也爱吃甜菜根，经常与其他菜肴搭配煮食，或在热水中焯一下做成蔬菜沙拉。甜菜的叶子也可以腌渍食用。要注意的是，碱性调味料会使甜菜变成紫色，也不要过早加盐。

甜菜的营养价值被捧得很高，专家们认为甜菜根含有丰富的纤维、钾、磷、易被吸收的糖，可以排毒、退烧、补血。甜菜根汁液中有硝酸盐物质，可以降血压、预防老年痴呆等。所以，甜菜根汁也成了当红的减肥健康饮料。这听起来，是不是比我们中国人夸赞萝卜的保健功效还要神奇？

豌豆

Pisum sativum Linn

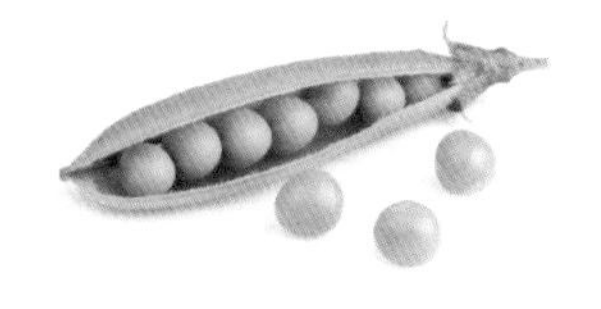

[别名] 青豆、小寒豆、青寒豆、雪豆、麦豆、毕豆、麻累

[拉丁学名] Pisum sativum Linn

[科属] 豆科豌豆属

[原产地] 亚洲西部及地中海沿岸

[传入时间] 最迟在汉代

说到豌豆，不少人都会想到与其有关的欧洲童话。比如丹麦安徒生童话有《豌豆公主》，检验一个真正公主的关键是她皮肤娇嫩，嫩得连压在20床垫子、20床被子下的一粒豌豆都能感觉得到。德国《格林童话》里有著名的《杰克与豌豆》，豌豆种在土里一夜之间长到天上，小男孩顺着豌豆株往上爬，遇到了巨人。在中国，元代关汉卿作有《一枝花·不伏老》，自述"我是个蒸不烂、煮不熟、捶不匾、炒不爆、响珰珰一粒铜豌豆"。"铜豌豆"在元朝俚语中乃是妓院中对老嫖客的称呼。两相对比，明显欧洲童话里的豌豆更小清新。

豌豆属于豆科豌豆属，我们吃的通常是它的种子。豌豆起源于亚洲西部以及地中海沿岸，后来传入印度北部，又经中亚细亚传到中

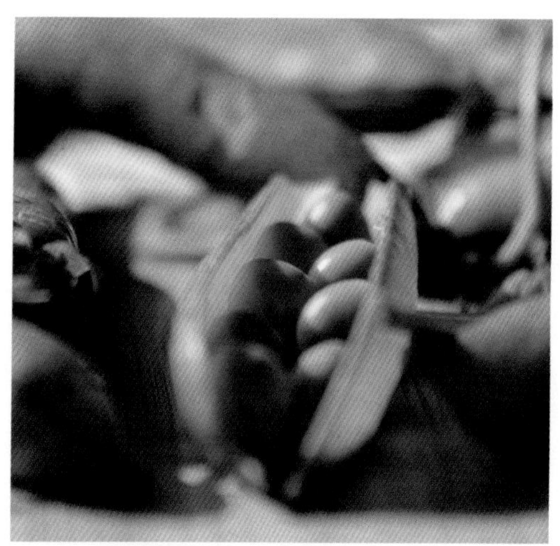

丰子恺《樱桃豌豆分儿女》

国。《尔雅》记载："戎菽谓之荏菽。"《管子》中有："山戎出荏菽，布之天下。"李时珍认为，这两处指的都是豌豆。可以肯定的是，中国最迟在汉代已引入小粒豌豆。东汉崔寔的《四民月令》中将"豌豆"称作"豍豆"，并写到了种植时令。

《本草纲目》中称豌豆得名自植株形态："其苗柔弱宛宛，故得豌名。种出胡戎，嫩时青色，老则斑麻，故有胡、戎、青斑、麻累诸名。""宛"是"宛曲"的意思，豌豆苗长得柔弱，茎的前端呈卷须状，故名。三国魏张揖《广雅》云："毕豆、豌豆，留豆也。"三国时期，已有"豌豆"的称法。北魏贾思勰的《齐民要术》中记载："并州豌豆，度井陉以东，山东谷子，入壶关、上党，苗而无实。"并州相当于现在的山西太原、大同以及河北保定一带，那里出产豌豆。

豌豆花

豌豆粉做的凉粉

因为从异域传入，所以在古代，豌豆与蚕豆都曾被称作“胡豆”。而到了明代，“胡豆”则成了四川地区对蚕豆的专称。没有人再称豌豆为“胡豆”了。

张大千撰写的《大千居士学府》食谱上，记载了17道他最爱吃的菜，其中就有“鸡油豌豆”。鸡油豌豆用的是刚剥出豆荚的嫩豌豆，今天也是许多高档餐馆里的招牌菜。更家常普通的则是不去豆荚，新鲜碧绿的豌豆连荚一起清水煮熟，吃起来清鲜甘甜。

豌豆磨成粉，可以做粉丝、凉粉、面条、馅料、糕点等。甜腻的豌豆泥加奶油，可以做一道色彩夺目的西式菜肴。美国“安德森豌豆汤餐厅”一年能卖200多万碗豌豆汤，用去135吨去皮豌豆。北京有款传统小吃叫“豌豆黄”，这原是回族食品，后来传入清宫。豌豆黄以上等白豌豆为原料，将豆子磨碎、去皮、煮烂，再加入糖炒，凝结成型。这种传统甜点色泽浅黄，口感细腻、清甜。

豌豆的嫩茎叶又叫“豆苗”“豌豆尖”，是一种普遍食用的时令蔬菜，滋味清新。萧红回忆鲁迅在上海的饮食，“平常就只三碗菜：一碗素炒豌豆苗，一碗笋炒咸菜，再一碗黄花鱼”。四川作家李劼人在小说《死水微澜》里写甜水面和素面，“秋末冬初季节里，还要把川西特有的豌豆尖烫熟加进去，使人感觉清香诱人”。

《清稗类钞》记载豌豆苗当时在福建十分稀有：“豌豆苗，在他处为蔬中常品，闽中则视作稀有之物。每于筵宴，见有清鸡汤中浮绿叶数茎长六七寸者，即是。惟购时以两计，每两三十余钱。”这可真是乾隆年间的贵价蔬菜了。

除了直接食用外，豌豆在中国还有其他用途。古代人洗涤的时候用澡豆，史书记载澡豆的主要原料是“毕豆”，也就是豌豆。豌豆可以用来酿酒，大曲的主要原料之一就是豌豆。

豌豆在中国文化里是颇具风情的，齐白石等画家都画过豌豆。元代诗人方回《春晚杂兴十二首》中写道：“樱桃豌豆分儿女，草草春风又一年。”丰子恺有幅著名的画表现母爱，就形象地描绘了这句诗的情景。画中的母亲手中有个大碗，碗里是带着豆荚的豌豆，女孩手中则捧着一堆樱桃。这正是初夏的时令食物。

莴 苣

Lactuca saliva L.

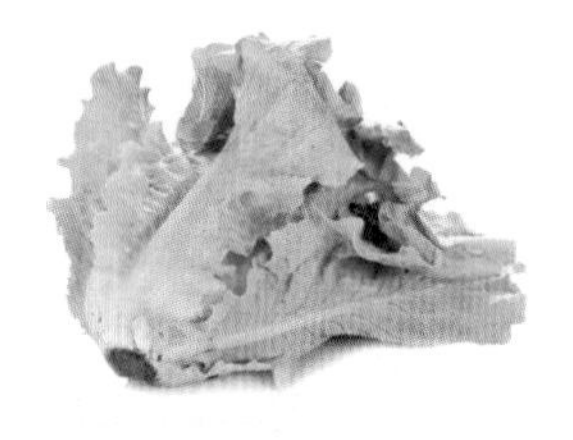

[别名] 生菜、鹅仔菜、莴菜、莴笋、香笋、千金菜

[拉丁名] Lactuca saliva L.

[科属] 菊科莴苣属

[原产地] 地中海沿岸及亚洲西部地区

[传入时间] 约公元5世纪

德国《格林童话》里有一篇《莴苣姑娘》。童话里怀孕的妻子嘴馋，特别想吃女巫家绿油油水灵灵的莴苣，她把丈夫冒险偷来的莴苣做成沙拉吃下肚，又贪得无厌地要他去偷。女巫发现后，就要他们把孩子交给她抚养，并取名“莴苣”。中国的小孩会有些迷惑，到底“莴苣”是什么样子的呢？在这个故事里，“莴苣”指的应该是生菜。

莴苣属于菊科，有叶用莴苣与茎用莴苣的区分。叶用莴苣就是西方人普遍食用的“莴苣”，因为可以生食，在中国不少地区被称作“生菜”。茎用莴苣在中国被称作莴笋、青笋，茎部肥大可食用，反倒是叶子部分常被遗弃。

“莴苣”的名称与来源地有关。宋代陶穀《清异录》记载：“呙国使者来汉，陌人求得菜

种，酬之甚厚，故因名‘千金菜’，今莴苣也。”因为引进这种蔬菜花了大价钱，故名“千金菜”。有人称“呙国”指的是今阿富汗。现在普遍认为，莴苣是大约在晋代传入中国的。在亚洲西部，莴苣至今生长旺盛。例如巴勒斯坦阿塔斯盛产莴苣，当地每年举办“阿塔斯莴苣节”。

南宋周煇《清波杂志》“生菜”条记载：“绍兴丁巳岁，车驾巡幸建康。

回跸时，先人主丹徒簿排办新丰镇顿，物皆备。御舟过，止宣素生菜两篮，非所办者。官吏仓卒供进，幸免阙事。前顿传报，生菜遂为珍品。物有时而贵，世事奚不然。”这事发生在公元1137年，宋高宗赵构路过丹徒新丰镇时，忽然提出要两篮生菜。仓促间，幸好官员办妥了此事。生菜由此成了珍品。一般认为，宋高宗要的生菜，就是莴苣。

在中国古代，“莴苣”一般指的是食用其茎的莴笋，这是莴苣的一个变种。杜甫有一首《种莴苣》，“苣兮蔬之常，随事艺其子”，以莴苣比喻“晚来得禄”的君子之德。明代李时珍《本草纲目》描述得较详细：“莴苣，正二月下种，最宜肥地。叶似白苣而尖，色稍青，折之有白汁黏手。四月抽薹，高三四尺。剥皮生食，味如胡瓜。糟食亦良。江东人盐晒压实，以备方物，谓之莴笋也。花、子并与白苣同。”可见也并非是欧美常见的叶用莴苣，而是中国常见的茎用莴苣，且吃法多样。

而在西方世界，东方人的莴笋还是个新鲜玩意儿，千百年来他们吃的都是叶用莴苣。莴苣的拉丁语本意是“乳状的”，因为这种蔬菜的汁液看起来像白色牛奶。在地中海等地区，人们相信莴苣会减退人的性欲，被认为是冰冷的、寒性的、多汁的、阴性的，能够浇灭人的热情。莴苣在中世纪是神父及修女重要的日常蔬菜，因为“有神圣影响力，让人忘却私情和欲念”。《格林童话》里关在楼里的姑娘被称作“莴苣”，也有着这方面的寓意。而在韩国，有人说遇到惊吓一定要吃莴苣，莴苣可以镇定心神。

在“快餐时代”“健康时代”的风潮下，古老的莴苣越来越受欢迎。新鲜多汁的绿色莴苣叶子，又大又宽，可以放入汉堡包或三明治里，当然也可以制作成沙拉，成为新风尚。莴苣还成为人类在太空中首次成功种植出来的蔬菜，2015年美国空间站的宇航员首次食用了这种莴苣。

西葫芦

Cucurbita pepo L.

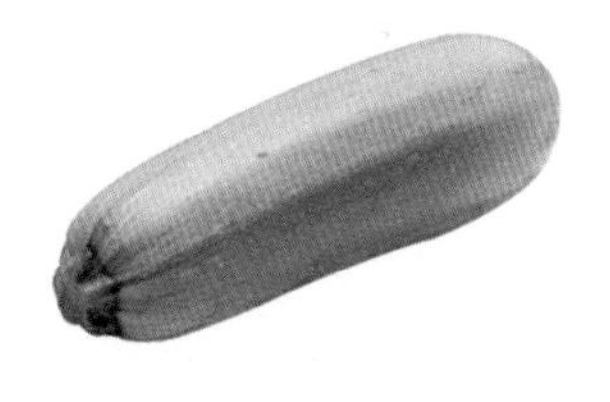

[别名] 角瓜、小瓜、白瓜、番瓜、夏南瓜、美洲南瓜、云南小瓜、菜瓜、荨瓜、松瓜、茄瓜、瓠瓜

[拉丁名] Cucurbita pepo L.

[科属] 葫芦科南瓜属

[原产地] 美洲中部

[传入时间] 明末清初

西葫芦属于葫芦科南瓜属，原产于美洲中部，大致在墨西哥和危地马拉边界附近。距今八九千年前，墨西哥就已经有西葫芦的种籽了。美洲大陆的居民吃西葫芦吃了好几千年，印第安人将西葫芦切成条晒干，能保存一段时间。哥伦布发现新大陆后，西葫芦才有机会传入了欧洲。

明末清初，西葫芦随海外贸易，从闽浙一带传入中国。由于在植物形态上长得像中国的葫芦，又来自西方，故名“西葫芦”。成书于1848年的《植物名实图考》中，记载有西葫芦：“类番瓜，皮黑无棱。”西葫芦与南瓜同属，所以又被称作“美洲南瓜”“夏南瓜”，有些品种在外观上的确与南瓜较难区分。

相比其他瓜类蔬菜，西葫芦的耐寒性很

强，适应性广，甚至能生长在寒冷的高原地区，所以在世界范围内的普及程度相当高。北方人比南方人更熟悉西葫芦。以抗日战争为时代背景的小说《四世同堂》里写道："发着香味的香菜与茴香，带着各色纹缕的倭瓜，碧绿的西葫芦，与金红的西红柿……"老舍笔下这些北京的当季蔬菜中，就包括有西葫芦。西葫芦通常都是切片炒来吃的，也可以剁碎后用来做馅包饺子，例如羊肉西葫芦饺子、鸡蛋西葫芦饺子，都是北方人家常吃的。在广东，生长周期快的西葫芦主供珠三角地区的工厂食堂，部分运往北方市场。还有人吃西葫芦花，像做天妇罗一样，将西葫芦花蘸上面粉糊，下油锅炸，口感别致。

不过，西葫芦在中国的规模化生产进程比较慢，有专家分析这是因为比西葫芦更早引进的黄瓜抢了它的风头。在国外，西葫芦的地位与黄瓜相

仿，可以拿来煎、蒸、烤、煮。法国著名的普罗旺斯炖菜（Ratatouille）里就有西葫芦，切成片被当作主要原料之一。意大利餐厅里也可以在意面或色拉里见到西葫芦的身影。不过在中国，人们似乎更喜欢脆爽清新的生黄瓜口感，绵软、柔嫩的西葫芦地位显然不如黄瓜高。许多人不知道西葫芦其实也可以生吃：皮薄、肉厚、汁多，切成片凉拌或者蘸酱生食。

直到20世纪90年代，中国还在向国外公司购买西葫芦的种籽，尤其是种在冬季温室里的。2010年，中国才培育出了适合冬季温室种植的西葫芦品种，打破了国外品种的垄断地位。新品种的纯国产西葫芦外皮是绿色的，更加光滑。

当全球流行减肥风尚时，西葫芦受到热捧。有人统计称，一杯切成片的西葫芦只含有19卡路里热量，甚至比相同分量的甘蓝所含热量更低。吃法多样，堪称“百搭”的西葫芦，当之无愧成了减肥餐中的明星。

芫 荽

Coriandrum sativum L.

[别名] 胡荽、香菜、香荽、元荽、盐荽
[拉丁名] Coriandrum sativum L.
[分类] 伞形科芫荽属
[原产地] 地中海沿岸及中亚地区
[传入时间] 汉晋

芫荽属于伞形科芫荽属，有个很通俗直白的别名叫“香菜”。本来，中国人称芫荽为胡荽，它在波斯语中叫“gosniz”。有人称这是张骞出使西域后带回的，但并没有确凿的记载，所以也有不少人认为这是张骞之后传入中国的。北魏农学家贾思勰所著《齐民要术》中有“种胡荽”：“胡荽宜黑软青沙良地，三遍熟耕。树阴下，得；禾豆处，亦得。”

“荽”本作“葰”，东汉许慎《说文解字》中就有此字。明代李时珍《本草纲目》中记载有“胡荽”：“其茎柔叶细而根多须，绥绥然也。张骞使西域始得种归，故名胡荽。今俗呼为蒝荽，乃茎叶布散之貌。俗作芫花之芫，非矣。藏器曰：石勒讳胡，故并、汾人呼胡荽为香荽。”这段文字解释了这种植物的名称得之于

其茎叶根须的形态，以后为何又衍生出其他名称。

芫荽长得像芹菜，但茎更细，叶更小。芫荽被称作“香菜”，是因为它有一种独特的浓烈气味。不过，这股味也让不少人对它退避三尺，哪怕菜肴里有一小片也弃之不食。形成这种气味的成分很复杂，包括各种烷类物质与醛类化合物等。有人统计称：欧洲有17%的人讨厌这种气味，东亚地区有21%的人讨厌它，而最能接受芫荽气味的是中东和南亚地区的人。世界各地不喜欢芫荽的人还是挺多的。在日本，综艺娱乐节目里甚至用吃芫荽来作为惩罚。

当然，芫荽也受到不少人的欢迎。中世纪，欧洲人还曾用芫荽来掩盖肉的腐臭味。他们用芫荽做香肠、酱料，芫荽籽也可以用于制作面包、糖果、酒类等食品。

在中国，香味特别的芫荽常被用作烹调时的点缀，可以提味。以芫荽做汤，能增加汤的清香，比如有一道芫荽鱼片汤很受各地欢迎。烹牛羊

肉或鱼鲜时加入芫荽，可以去除腥膻，增添风味。兰州的牛肉面讲究所谓“一清二白三红四绿”，这漂浮在汤碗里的绿就是芫荽。吃羊肉泡馍、羊肉火锅时，芫荽也是不可少的佐料。《齐民要术》里记载了不少北方吃食，其中“胡羹”用到羊肉，调味的是葱头、胡荽、安石榴汁，都颇具异域风味。

不少地方的人生吃芫荽，家宴的冷盘上甚至会点缀上一整根芫荽做装点。芫荽更古老的制作方法是腌渍。《齐民要术》中记载有“作胡荽菹法”：“汤中渫出之，着大瓮中，以暖盐水经宿浸之。明日，汲水净洗，出别器中，以盐、酢浸之，香美不苦。”清代厉荃原辑、关槐增辑的《事物异名录》引晋代陆翙《邺中记》记载：“石勒改胡荽为香荽，今呼为盐荽。”“盐荽”一名即源于芫荽常用于腌渍。

有人觉得香，有人觉得臭。爱的人爱煞，恨的人恨煞。所以，好店家都会贴心地问客人一句：“要加香菜不？”

洋 葱

Allium cepa L.

[别名] 球葱、圆葱、皮牙子、玉葱、洋葱头、葱头
[拉丁名] Allium cepa L.
[科属] 百合科葱属
[原产地] 西亚
[传入时间] 明末清初

洋葱属百合科葱属，我们吃的是它的鳞茎部分。它发源于亚洲西部美索不达米亚地区，有科学家研究表明，五千年前那里已有人食用洋葱。

大约三四千年前，古埃及人最早种植洋葱。除了食用，他们还把洋葱当作药物，用洋葱汁涂抹尸体令皮肤干缩，制作木乃伊。他们认为洋葱那股浓烈刺鼻的气味可以让人死而复生，而洋葱层层叠叠的结构正如同生命轮回。古罗马学者加图的《农业志》中写道："洋葱、大蒜和青菜是我们罗马男人的血液。"在亚洲，印度人在12世纪末开始种植洋葱。1565年，西班牙人将洋葱带到了美洲大陆，随后美洲人开始了洋葱种植史。19世纪美国南北战争期间，北方军队不少士兵得了痢疾，总司令求援道："没有

洋葱，我不能调动军队。”于是，满满一列车洋葱被运来救援。

有人称洋葱是在宋元之际传入中国的，但也有人持反对意见，认为没有确凿证据与记载。在中国古籍中出现的“胡葱、冬葱、回回葱”等，都不是洋葱，而是一种石蒜科植物。另有人考证得出，洋葱大约在明末清初才来到中国。16世纪，葡萄牙人将洋葱带到了澳门。经历明清两代编修的《广东通志》里记载有洋葱。清代吴震方在《岭南杂记》中记载：“洋葱，形似独头蒜而无肉，剥之如葱。澳门白鬼饷客，缕切为丝，珑玲满盆，味极甘辛。余携归二颗种之，发生如常葱，冬而萎。”这一段文字，基本上说明了“洋葱”的得名：因为“剥之如葱”，又是海外传入的，故冠以“洋”。

清末，领风气之先的上海郊区开始种植洋葱。小说《海上繁花梦》里写人们到一品香番菜馆吃西餐，其中就有洋葱汁牛肉汤。在民国初年的《上海县续志》里记载：“洋葱，外国种；因近销售甚实，民多种之。”如今，中国已是世界第一大洋葱生产国。

洋葱在中国还有球葱、圆葱等别名，这是因为它的鳞茎呈圆圆的扁球形。而有些地方称之为“玉葱”，则是因为它切开来像玉一样白。新疆等地称其为皮牙子，源于突厥语音译。

切洋葱的时候，要非常当心。因为这恐怕是最会催人泪的蔬菜了。科学家称，这主要是洋葱被切开时释放出一种“蒜胺酸酶”，它与氨基酸产生反应，生成一种硫化物挥发到空气里。眼睛角膜接触到这种物质后，就被刺激得流出了眼泪，而且一发不可收。为了避免切洋葱时流泪，人类想了很多办法，例如切之前先将洋葱冷冻或加热，在水流下切，还有索性戴护目镜的。洋葱的皮色有不同。红皮的洋葱最辣，质感硬脆。白皮洋葱肉质细嫩、多汁，是最不辣的品种，可以做成沙拉生吃。而当烧熟后，洋葱都会变得柔嫩、温和，带有香气。

英国一位作家说：“一旦洋葱在厨房里消失，人们的饮食将不再是一种乐趣。”在法国，洋葱汤可是法餐中的经典。金黄喷香的洋葱圈受欢迎程度大概仅次于炸薯条。在中国，提及西餐里的蔬菜，人们多半都会联想到洋葱，无论是披萨、牛排、浓汤……都可以加上洋葱圈、洋葱丝、洋葱碎。

洋蓟

Cynara scolymus L.

[别名] 菊蓟、菜蓟、朝鲜蓟、洋百合、法国百合、荷兰百合
[拉丁名] Cynara scolymus L.
[科属] 菊科菜蓟属
[原产地] 地中海沿岸
[传入时间] 19世纪

诗人聂鲁达有一首诗叫《洋蓟颂》:

洋蓟
有一颗温柔的心
打扮得像个武士
立正站直,它在鳞片下
造了一顶小头盔

洋蓟为菊科菜蓟属,人们主要食用的是它肥嫩的苞片与花托,也有人将它的叶片软化后食用。这种植物原产于地中海沿岸,由菜蓟演变而成,法国栽培最多。19世纪,洋蓟从法国坐着轮船来到了中国,最初在上海的法租界种植,被称作“洋百合”。

“洋蓟”一名与这种蔬菜的形状及产地有

关。它的苞片与花托像古人的发髻，《本草纲目》称："蓟犹髻也，其花如髻也。"所以被称作"蓟"，又因是西洋来的，故冠以"洋"字。它在中国还有个名字叫"朝鲜蓟"，这个得名很乌龙，据说是在传播过程中，被误认为是产自朝鲜的，所以被称作"朝鲜蓟"。还有一种说法是，当时的人未能分清这种蓟与大蓟的区别，错把大蓟的故乡之一"朝鲜"，按在了它的名字上。

最早吃洋蓟的是两千多年前的罗马人，古希腊人也喜欢。著有《植物史》的希腊学者泰奥弗拉斯托斯，记载意大利半岛及西西里岛地区种植有洋蓟。泰奥弗拉斯托斯生活于公元前四世纪到公元前三世纪，是亚里士多德的弟子。

英国都铎王朝的亨利八世以食量惊人闻名，他特别爱吃洋蓟。对苏格兰人来说，蓟还有不同一般的意义。据说13世纪时，挪威军队入侵苏格兰。在拉格斯战役中，挪威士兵夜袭时不小心踩到一棵带刺的蓟，喊叫声惊动了沉睡

中的苏格兰士兵。因此，苏格兰赢得了胜利，并就此将黑夜里带刺的蓟作为苏格兰象征。1990年，伊丽莎白二世的母亲90岁大寿，英国发行过5英镑纪念币。因为太后是苏格兰后裔，所以纪念币上铸有蓟花图案。

如今洋蓟在法国、意大利和西班牙等欧洲国家最受欢迎，可以做油炸洋蓟、烤洋蓟、洋蓟披萨、洋蓟塞馅。美国人同样热衷于吃洋蓟，水煮或蒸熟后蘸酱汁吃。在欧美国家，洋蓟是一种传统蔬菜，也是一种“档次”比较高的蔬菜。亚洲人也吃洋蓟，但不如西方国家那般普及。

洋蓟看起来像是没有开的莲花，又像春笋般层层叠叠包裹住花苞内芯。肥厚的新鲜苞片可以蘸酱吃，还可以炒食、做汤，中间那颗嫩嫩的芯可以拿来煎、烤。它的味道很“小清新”，微甜微苦，需要舌苔敏感的人才能分辨欣赏。而且它的吃法较麻烦，第一次见到洋蓟的人，往往会觉得无从下嘴，花了老半天工夫，才能到口一点点。智利作家伊莎贝尔·阿连德在

《阿佛洛狄特：感官回忆录》中深情款款地写洋蓟："我们说不断更换情人的人'心像一颗洋蓟'，因为可以剥下无数小叶片，到处抛撒。这种蔬菜要用手慢慢地食用：剥洋蓟的过程有种仪式的意味，将它的叶片逐一剥下，蘸油、柠檬、盐、胡椒调制的酱汁，跟情人分享。"这滋味简直与爱情一样飘忽不定。

目前在中国，已经传入一百多年的洋蓟，仍只在上海、浙江、云南等地有少量种植，主要加工为成品罐头或盐渍洋蓟花苞。在上海的西餐馆里，可以吃到加有洋蓟的色拉与披萨，但当地闹哄哄的小菜场里，基本上看不到洋蓟的踪影。

有研究报道称，洋蓟的花苞、叶片中含有菜蓟素，对治肝病、降血糖有功效，还可以抗老化、增强免疫力。可以猜测，追求健康的人将越来越多地吃洋蓟，属于它的风尚还会在未来兴起。

玉蜀黍

Zea mays L.

[别名] 玉米、棒子、包谷、包粟、玉茭、苞米、珍珠米、苞芦、大芦粟、粟米、番麦
[拉丁名] Zea mays L.
[科属] 禾本科玉蜀黍属
[原产地] 中部美洲
[传入时间] 16世纪

玉米的学名叫“玉蜀黍”，禾本科玉蜀黍属。李时珍在《本草纲目》中说：“玉蜀黍种出西土，种者亦罕，其叶苗俱似蜀黍而肥矮。”“蜀黍”就是中国古已有之的高粱，“玉”指的是其子一粒粒黄白如玉。

玉米原产于美洲。哥伦布发现美洲时，在一个岛屿“发现了一种名叫‘梅斯（maize）’的奇异谷物，它甘美可口，焙干，可以做粉”，那就是玉米。在中国，“玉米”这个名字最早见于明代徐光启的《农政全书》：“玉米，或称玉麦，或称玉蜀黍，盖亦从他方得种。”

明代以前，中国没有玉米。玉米在16世纪通过多条途径传入中国。海路由葡萄牙人传入福建沿海，陆路由印度、缅甸传入云南，还有一条线路是经丝绸之路由中亚传入甘肃。到了明正德六

年（公元1511年），《颍州志》记载“珍珠秫”，这被认为是我国对于玉米的最早记载。明嘉靖三十四年（公元1555年），《巩县志》称其为“玉麦”，排在谷类的最后。巩县属于河南洛阳，可见当时玉米已经传到中国内陆地区。

大航海时代引入的玉米，不仅含有丰富的淀粉、耐储存，而且非常抗旱，适合中国大部分地区生长，包括不适合稻麦生长的丘陵地带。不过，玉米刚引入中国时并未大面积推广种植，直到200年后清代人口大增长，人们需要更多的粮食。如今，玉米已经成为我国重要的粮食谷物之一，仅次于稻、麦排在第三位。嫩而甜的新鲜玉米棒子可以煮来吃，老玉米粒子可以磨成粉当主食。

老舍的小说《老张的哲学》里写道：“房檐下垂着晒红的羊角椒，阶上堆

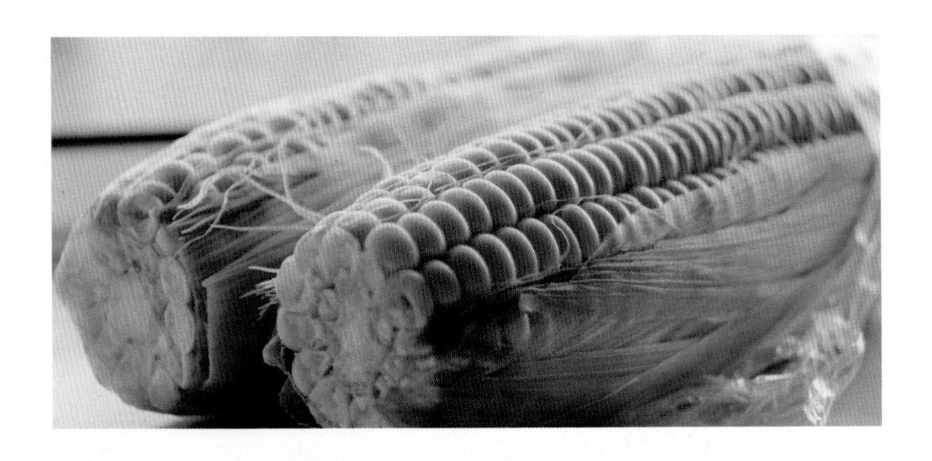

着不少长着粉色薹的玉米棒子。”这样色彩鲜艳又喜庆的景象，也是今日中国人印象中的农村风光。在20世纪50年代的宣传画上，黄澄澄的玉米预示着大丰收，著名的“大麦穗大玉米，运到北京去见毛主席”正出自那个年代。

欧洲人有小麦文化，亚洲人属稻米文化，而在玉米的发源地美洲大陆普遍存在深厚的玉米文化。美洲印第安人将玉米称为“我们的母亲”“我们的生命”，玉米是他们赖以生存、维持生计的根本。墨西哥人自古有玉米崇拜，“玉米是墨西哥文化的根基，是墨西哥的象征”。美国是玉米生产大国，最早移民至此的欧洲人也正是获得了当地人的玉米等食物馈赠而存活下来，并由此诞生了“感恩节”。美国作家玛格丽特·维萨称：“没有玉米，北美人，尤其是生活在现代科技中的北美人的生活将是难以想象的。”玉米不仅是粮食，还可以制成玉米油、玉米糖浆、黏合剂，用于各种工业用途。而玉米加工后做成的爆米花也发展出了自己的流行文化，被赋予了很多象征意义。在电影院里吃着爆米花看一场快餐式的电影，又欢乐又自足。

芝麻菜

Eruca sativa Mill.

[别名] 火箭菜、芸芥、德国芥菜
[拉丁名] Eruca sativ Mill.
[科属] 十字花科芝麻菜属
[原产地] 地中海沿岸及亚洲西部

芝麻菜因咀嚼后会散发出类似芝麻的浓烈香味而得名。在西方，芝麻菜还有一个令人意想不到的别名叫"火箭菜"或"火箭生菜"，因为英语将这种菜称为"rocket"，直译过来就是火箭。芝麻菜的拉丁文名称写作"eruca"，原本指的是一种毛毛虫。它的叶子为羽状分裂，样子的确有点像毛毛虫。随着这种菜在全欧洲的普及，读音也就渐渐鲁鱼亥豕起来，在法语里称作"roquette"，意大利语称之为"rucola"，到了英语里变成了"rocket"。

与"火箭"相关，这里还有一个小故事分享给大家，美国宇航员在国际空间站内种植出了第一批蔬菜，宇航员幽默地评价道："吃起来很不错，有点像'rocket'（芝麻菜）。"鉴于

“rocket”的一语双关，这个评价简直太绝了。

西方人熟悉的芝麻菜是一年生草本植物，属于十字花科芝麻菜属芝麻菜种，可食部分为柔嫩的茎叶和花蕾，据说古罗马时代，人们就已经拿它当蔬菜吃了。中世纪的人们还认为芝麻菜有壮阳的功效，所以一些修道院禁止种植芝麻菜。

有人认为芝麻菜的气味像芝麻，但也有人认为芝麻菜嚼起来有股子胡椒芥末味。有人觉得香气扑鼻，但也有人觉得这冲鼻的气味很臭。这种气味在芝麻菜被烧熟后就减弱了，但同时苦味更甚。

因为本身的浓郁滋味和苦味，芝麻菜通常配帕玛森奶酪、腌橄榄、水潽蛋或牛肉、生火腿等，尤其适合与肉类搭配。在西方，芝麻菜还是沙拉中

的明星，浇上油醋汁，能与无花果、鳄梨以及各式坚果同吃。毫无疑问，只要有芝麻菜在，咀嚼每一口时，你都能明显感受到它那与众不同的、强烈的味道。

在中国，芝麻菜的身影也时常出现在西式料理中。比如沙拉或配菜里可以吃到这种味道特殊的绿叶菜，披萨上那几根细细长长的绿色蔬菜也是芝麻菜。我们土产的烧饼表面撒满了白色或黑色的芝麻，而意大利的“大饼”表面撒了绿色的芝麻菜，一熟一生，滋味迥然。近几年从欧洲引进的芝麻菜在中国的市场逐渐扩大，也有人将它炒食、煮汤，将这种不常见的蔬菜纳入了中国式的菜谱中。

图书在版编目（CIP）数据

庭院里的西洋菜：中国的外来植物·蔬菜 / 蒋逸征著. -- 上海：上海文化出版社，2017.6
ISBN 978-7-5535-0738-5

Ⅰ.①庭… Ⅱ.①蒋… Ⅲ.①蔬菜－介绍－世界
Ⅳ.①S63

中国版本图书馆 CIP 数据核字（2017）第 121091 号

本书由上海文化发展基金图书出版专项基金资助出版

庭院里的西洋菜

中国的外来植物·蔬菜

责任编辑：施隽南
装帧设计：王怡君
摄　　影：陆佳灵 等

出　版：上海文化出版社　上海咬文嚼字文化传播有限公司
地　址：上海绍兴路 7 号 2 楼
邮　编：200020
发　行：上海文艺出版社发行中心发行　上海市绍兴路 50 号
印　刷：上海文艺大一印刷有限公司
规　格：889×1250 1/32
印　张：5.25
版　次：2018 年 5 月第 1 版 2018 年 5 月第 1 次印刷
书　号：ISBN 978-7-5535-0738-5/S.005
定　价：38.00 元

告读者：如发现本书有印刷质量问题请与印刷厂质量科联系
电　话：021-57780459